Schnellübersicht

Franz Greil[illegible]gauer
20. Sept. 2001

Do it yourself

Bo Hanus

So steigen Sie erfolgreich in die Elektronik ein

leichtverständlich mit vielen praktischen Bauanleitungen

Löten, Messen, Experimentieren • Funktionsweise der Elektronik-Bausteine • Spass mit Sound-ICs • Selbstbau-Verstärker • Netzstromversorgung • Alarmanlagen selbst gebaut

Mit 99 Abbildungen
2., überarbeitete Auflage

Franzis'

Die Deutsche Bibliothek – CIP-Einheitsaufnahme

Ein Titeldatensatz für diese Publikation ist bei
Der Deutschen Bibliothek erhältlich

Satz: kaltnermedia GmbH, 86399 Bobingen
Druck: isarpost, 84051 Altheim
Printed in Germany - Imprimé en Allemagne.

ISBN 3-7723-5427-0

Vorwort

Dieses Buch ist so verfasst, dass Sie es wie eine Geschichte lesen können, ohne etwas lernen zu müssen.

Sie werden staunen, wie einfach die Elektronik eigentlich ist und welche Menge an nützlichem Fachwissen Sie nach dem Durchlesen von einigen Kapiteln dieses Büchleins gespeichert haben.

So richtig spannend wird die Elektronik in dem Augenblick, in dem Sie zum ersten Mal einige Bauteile kaufen, diese nach einer Bauanleitung miteinander verbinden und danach mit zitternden Händen die Batterie anschließen. Das ist schöner und spannender als Fallschirmspringen!

Elektronik ist ein faszinierendes Fachgebiet. Sowohl als Hauptberuf, wie auch als Hobby. Abgesehen davon gibt es heutzutage kaum noch einen Beruf, in dem man nicht auf irgendeine Weise mit der Elektronik konfrontiert wird. Wer sich damit zufrieden gibt, dass er die Elektronik nur als ein unwissender Anwender nutzt, der wird von ihr wie ein hilfloser Sklave beherrscht und gestresst werden. Wer dagegen lernt, die Elektronik zu verstehen, der bekommt sie in den Griff, kann den Spieß umdrehen und sich von ihr bedienen lassen – was ja der Sinn der Sache ist.

Für die literarische und edukative Zusammenarbeit an diesem Werk möchte ich mich bei meiner Ehefrau und Co-Autorin Hannelore Hanus-Walther bedanken. Sie hat auch hier – wie bei allen meinen anderen Werken – maßgeblich dazu beigetragen, dass sich alles sehr leicht lesen und begreifen lässt.

Bo Hanus

Inhalt

Das Elektroniklatein

Im Gegensatz zum medizinischen oder botanischen Fachlatein besteht das sogenannte Elektroniklatein aus einer Mixtur von technischem Englisch, verschiedenen Abkürzungen und Slangausdrücken. Am schlimmsten ist es im PC-Bereich. Da wimmelt es von kompliziert klingender Terminologie, die einem normalen „Outsider" so richtig zeigt, dass er eigentlich ein „ganz kleines Licht" ist.

Natürlich ist hier alles nur relativ, denn erstens weiß niemand alles, zweitens gibt es auf diesem Planeten nur wenige Menschen, die wiederum überhaupt nichts wissen.

Es gibt ab und zu auch Menschen wie Sokrates, der zwar relativ viel wusste, aber dennoch behauptete, dass er eigentlich weiß, dass er nichts weiß. Hierbei lässt sich allerdings nicht mehr nachprüfen, was Sokrates mit seinem Outing genau meinte. Möglicherweise hat sich diese Enthüllung seiner Wissenslücke nur auf die Frage bezogen ob ihm bekannt ist, womit – oder mit wem – sich seine Ehefrau Xanthippe ihre Freizeit vertreibt, während er irgendwo in der Gegend herumphilosophiert.

Die Elektronik ist jedenfalls eine Branche, in der man ohne etwas Fachwissen nicht weit kommt. Der Hauptgrund liegt darin, dass sich hier rein optisch nicht allzuviel nachvollziehen lässt. Bei einem Mechanismus mit Zahnrädern kann man beispielsweise sehen, wie das eine Zahnrad ein anderes Zahnrad antreibt und wie dadurch letztendlich etwas bewegt wird. Da genügt oft nur ein gesunder Verstand, um die Funktion einer Maschine zu begreifen.

In einer „arbeitenden" elektronischen Schaltung kann dagegen unheimlich viel vorgehen, während sich so ein Ding nach außen wie tot stellt. Nur wenn man mit dem Finger die richtige Stelle berührt, kann man unter Umständen einen Schlag bekommen. Dies geschieht aber auch nur dann, wenn es da irgendwo eine ausreichend hohe Spannung gibt.

Beruhigend ist, dass auch ein sehr guter Elektroniker heutzutage nicht mehr imstande ist, sich das ganze aufwendige Spektrum des Elektroniklateins zu merken. Das macht in der Praxis aber nichts aus. Es genügt ja, wenn man das versteht, was einen gerade interessiert. Und wenn etwas interessant ist und Spaß macht, lernt man es wiederum auch ganz problemlos zu verstehen.

Es gibt da nur einen einzigen Trick: Man muss sich dafür etwas Zeit lassen; der Rest kommt von alleine.

Natürlich gibt es in der Elektronik einige Grundbegriffe, über die man im Bilde sein sollte. Drei der wichtigsten Begriffe, die aus der allgemeinen Elektrotechnik stammen, verdienen außer Zweifel eine gute Erklärung: die *elektrische Spannung,* der *elektrische Strom* und die *elektrische Leistung.*

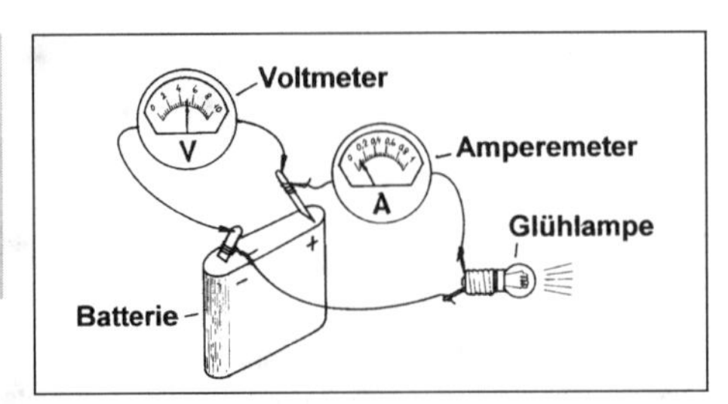

Abb. 1.1 Die *Spannung* einer Batterie wird mit einem *Voltmeter* direkt an ihren zwei Anschlüssen gemessen. Der Strom, der hier durch den Verbrauch der Glühlampe bestimmt wird, kann mit Hilfe eines *Amperemeters* gemessen werden, der – im Gegensatz zu dem Voltmeter – in Reihe mit der Glühlampe angeschlossen ist. Der Strom fließt hier durch den *Amperemeter* ähnlich, wie z.B. das Wasser durch einen Wasserzähler fließt.

Was ist eigentlich eine *elektrische Spannung?* In den Schulbüchern wird sie oft mit dem Wasserdruck verglichen. Hilfreich kann dabei folgendes Beispiel sein: Wenn das Wasser im Gartenschlauch einen kräftigen Druck hat, kann man damit sozusagen Löcher in die Erde bohren; ist der Druck klein, lässt sich mit dem Wasserstrahl nicht viel ausrichten.

Elektrische Spannung wird in *Volt* angegeben. Abgekürzt verwendet man dafür den Buchstaben *V.* Auf jedem gängigen elektrischen Netzverbraucher steht beispielsweise, dass er für eine Spannung von „230 V“ ausgelegt ist. In gängigen Pkws wird wiederum nur eine 12 V-Spannung benutzt. Die meisten elektrischen Armbanduhren begnügen sich mit einer 1,5 V-Batterie usw. Soweit ist ja die Sache klar.

Der *elektrische Strom* kann mit strömendem Wasser verglichen werden, das normalerweise vom Wasserzähler registriert wird. *Elektrischer Strom* wird in *Ampere* (abgekürzt *A*) angegeben.

Spannung (in V) × Strom (in A) = *elektrische Leistung in Watt (W)*

Fazit: Ähnlich einfach, wie man z.B. durch das Multiplizieren von Länge und Breite eines Baugrundstücks seine Fläche (in qm) ausrechnet, kann durch das Multiplizieren der elektrischen Spannung mit dem elektrischen Strom die elektrische Leistung ausgerechnet werden.

In beiden dieser Fälle genügen immer zwei „Bekannte“, um die dritte „Unbekannte“ ausrechnen zu können; daraus ergibt sich eine weitere nützliche Variante der Formel:

Elektrische Leistung (in W) : Spannung (in V) *= Strom (in A)*

Diese Formel brauchen Sie sich nicht zu merken; es genügt zu wissen, dass es sie gibt und wo man sie findet (später kommen wir auf sie in einigen Beispielen zurück).

Wir wissen, dass die elektrische Energie in zwei Grundformen zur Verfügung steht: als *Wechselspannung* und *Wechselstrom* oder alternativ als *Gleichspannung* und *Gleichstrom.*

Als internationale Abkürzung für die *Wechselspannung* bzw. den *Wechselstrom* wird „AC“ *(alternativ das Symbol ~)* verwendet.

Für *Gleichspannung* und *Gleichstrom* wird die Abkürzung *„DC“ (alternativ das Symbol =)* verwendet.

Beispiele:
„230 V AC“ oder alternativ „230 V ~„ bedeutet, dass es sich um eine
230-Volt-Wechselspannung handelt.
„12 V DC“ oder alternativ „12 V =“ bedeutet, dass es um eine 12-Volt-Gleichspannung geht.

Im Gegensatz zu der Gleichspannung, die sich vor allem in Batterien „konservieren“ lässt, kann man die Wechselspannung als solche nicht irgendwo aufbewahren. Wechselspannung hat aber wiederum den Vorteil, dass sie sich problemlos transformieren lässt (worauf wir später noch zurückkommen).

Dass bei der *Wechselspannung* wohl irgend etwas wechselt, dürfte man ja schon in Hinsicht auf den Namen erwarten. Worum es sich dabei konkret handelt, bleibt vielen von uns ein Leben lang verborgen – womit wiederum die meisten von uns problemlos leben können.

Es wird Ihnen vieles leichter fallen, wenn Sie sich in *Abb. 1.2* ansehen, wie eine Wechselspannung erzeugt wird. Aus der Zeichnung geht hervor, dass man sogar mit eigener Muskelkraft einen kleinen *Wechselstromgenerator* antreiben kann, der *elektrische Wechselspannung* und somit auch den *elektrischen Wechselstrom* erzeugt.

Ein „zivilisierter“ Mensch lässt sich zwar heutzutage nicht mehr so leicht dazu bewegen, so einen Generator mit eigener Muskelkraft anzutreiben. Dennoch: Bei einem Fahrraddynamo (der in Wirklichkeit ein kleiner Wechselstromgenerator ist) machen wir es noch – allerdings mit Treten.

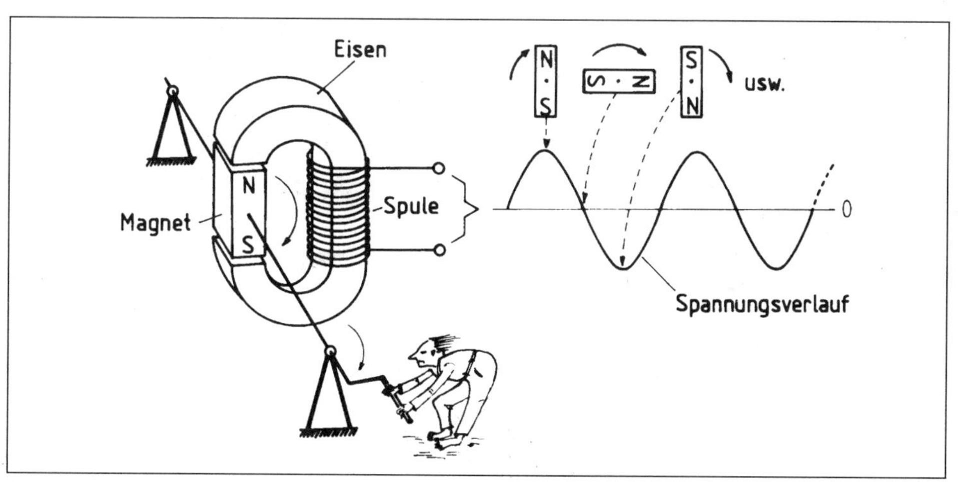

Abb. 1.2 Funktionsprinzip eines einfachen elektrischen Generators: wenn hier der Magnet (Dauermagnet) gedreht wird, entsteht in der Spule eine sinusförmige elektrische *Wechselspannung*, die sowohl aus *positiven*, wie auch aus *negativen* „Spannungswellen“ (Spannungsimpulsen) besteht. Die „Spannungsmaximen“ liefert der Generator jeweils in dem Augenblick, in dem der *Magnet* gerade den ganzen „magnetischen Kreis“ schließt (wenn er in der Zeitlupe vertikal steht).

Wenn man sich den Magnet in Abb. 1.2 als einen leicht drehenden Rotor vorstellt, wird es klar, dass durch die Spule am Eisenkern der stärkste magnetische Fluss immer dann fließt, wenn der rotierende Magnet (in einer Zeitlupe) senkrecht steht. In dem Moment induziert das starke Magnetfeld in der Spule die höchste „Spannungsspitze". Und umgekehrt: je weiter weg sich der rotierende Magnet von dem „magnetischen Anschluss" wegdreht, desto schwächer wird der magnetische Fluss im Eisenkern der Spule – womit auch die Spulenspannung bis auf Null sinkt.

Die in Abb. 1.2 oberhalb des Spannungsverlaufs eingezeichneten drei Positionen des rotierenden Magneten zeigen, wie sich die Größe der Spulenausgangsspannung während des Drehens des „*Rotors*" verändert. Pro Umdrehung des Rotors liefert die Spule zwei Spannungswellen, die man auch als zwei *Spannungsimpulse* bezeichnen kann – und zwar als einen *positiven* und einen *negativen* Spannungsimpuls.

Eine Fahrradglühlampe erhält also pro Umdrehung des Dynamos abwechselnd jeweils einen positiven und einen negativen Spannungsimpuls. Einer Glühlampe (bzw. ihrem Glühfaden) kommt es auf die Polarität der ihr gelieferten Spannung nicht an. Hauptsache die Anzahl der ihr gelieferten Spannungsimpulse *(die Frequenz der Wechselspannung)* ist *hoch* genug, um ihren Glühfaden glühend zu halten – andernfalls würde sie ja nur blinken.

Denselben sinusförmigen Spannungsverlauf, der in Abb. 1.2 eingezeichnet ist, hat auch unsere *Netzspannung*. Sie wird allerdings mit Generatoren erzeugt, die nicht mit der Muskelkraft, sondern mit anderen Kräften – wie z.B. mit Dampf-, Wasser- oder Windturbinen – angetrieben werden, aber ansonsten auf dieselbe Weise arbeiten. Die Frequenz unserer *Netzspannung* hat „genormt" 50 Hertz (50 Hz). Das sind 50 volle „Wellen", die aus 50 positiven und 50 negativen „Impulsen" pro *Sekunde* bestehen.

Wir kommen im Kapitel 5 noch darauf zurück, dass elektronische *Netzgeräte* immer einen Netzteil benötigen, in dem die 230 V-Wechselspannung in eine Gleichspannung umgewandelt wird. Der Grund: Fast alle elektronischen Bausteine benötigen als Versorgungsspannung (Speisespannung) eine Gleichspannung. Batterien eignen sich zwar als Energieversorgung für kleinere oder transportable Geräte, sind aber für stationäre Anwendungen zu teuer.

Soweit also zu der eigentlichen „Nahrung", ohne die kein elektronisches Gerät auskommt. Zu dem „Elektroniklatein" gehören natürlich auch noch verschiedene Namen der elektronischen Bausteine, von denen die gängigsten in den folgenden Kapiteln Schritt für Schritt vorgestellt und mit Hilfe von vielen Anwendungsbeispielen erklärt werden.

Die ersten Schritte und ersten Experimente

2

Da wir mit der Elektronik groß geworden sind, ist uns der Umgang mit ihr nicht fremd. Wir wissen (wenigstens ungefähr) wodurch das eine oder andere Gerät dazu zu bewegen ist, dass es das tut, was man von ihm verlangt, und dass es zusätzlich – ähnlich wie ein jedes Haustier – auch „Futter“ braucht.

Als Futter kommt hier nur der elektrische Strom in Frage: Aus der Steckdose, aus Batterien oder gelegentlich aus Solarzellen (die sich inzwischen vor allem bei den meisten Taschenrechnern etabliert haben).

Irgendwelche Experimente mit der Elektronik hat eigentlich jeder von uns schon gemacht. Zumindest unter dem Motto „der Not gehorchend, nicht dem eigenen Triebe“. Ohne etwas herum zu experimentieren ist man ja als „Anwender“ von elektronischen Geräten völlig aufgeschmissen. Die meisten derartigen Neuanschaffungen denken oft anfangs gar nicht daran, *das zu machen,* was man von ihnen (für das investierte Geld) verlangt. Wenigstens nicht gleich und nicht der Erwartung entsprechend. Erst nach einer längeren Zeitspanne mit Fluchen, Herumprobieren und wiederholendem Studieren der oft miserablen Bedienungsanleitungen beißt man sich langsam zu einem Erfolgserlebnis oder notfalls zu einem akzeptablen Zwischenergebnis durch.

Bei komplizierteren Haushaltsgeräten – zu denen in letzter Zeit neben Fernsehern, PCs und Videorecordern z.B. auch „intelligente“ Küchenherde oder Waschmaschinen gehören – gibt man sich erfahrungsgemäß vorerst damit zufrieden, dass das Zeug überhaupt einigermaßen funktioniert. Die restlichen Features werden dann während der nächsten Jahre ausgetüftelt oder durch versehentliche Fehlmanipulationen entdeckt.

Derartige sporadische Entdeckungen steigern die Lebensfreude und stärken das Selbstbewußtsein: Man zweifelt dann nicht mehr daran, dass man zu der Elektronik vielleicht doch eine ausbaufähige Beziehung hat.

Dem „Ausbau“ einer solchen Beziehung kommt dabei sehr entgegen, dass sogar einem wenig erfahrenen Bastler viele kompakte elektronische Bausteine zur Verfügung stehen, die er schnell und problemlos anschließen und in Betrieb nehmen kann.

So gibt es beispielsweise eine zunehmende Auswahl an verschiedenen elektronischen funk- oder infrarotgesteuerten Fertiggeräten oder Fertigbausteinen, die keine Verbindungsleitungen mehr benötigen.

Derartige Bausteine bzw. Fertiggeräte stellen keinen besonderen Anspruch an die technischen Fähigkeiten oder an das technische

Wissen des Anwenders. Es erleichtert jedoch die Sache, wenn man technisch genügend fundiert ist, um sich vorstellen zu können, was sich alles mit dem einen oder anderen Gerät anfangen lässt.

Nur geringfügig komplizierter ist es mit elektronischen Bausteinen nach *Abb. 2.1* bis *Abb. 2.4.* Hier handelt es sich ebenfalls um elektronische Geräte, die als Fertigbausteine erhältlich sind und nur noch eine zusätzliche Batterie, einen Schalter (oder Schaltkontakt) bzw. einen Lautsprecher benötigen. Sie eignen sich sehr gut für den Einstieg in die Elektronik, auch deshalb, weil man „das Erstellte" auch praktisch anwenden (oder verschenken) kann.

Derartige elektronische „Grundbausteine" sind im Elektronikfach- und Versandhandel z.B. als *Piepser, Signalgeber, Schallwandler, Glückwunschkarten-Melodie-ICs* erhältlich. Manche können nur piepen, andere produzieren Melodien, Tierstimmen, Fahrzeuggeräusche, Maschinengewehrsalven, Flugzeuglärm, Lachen usw.

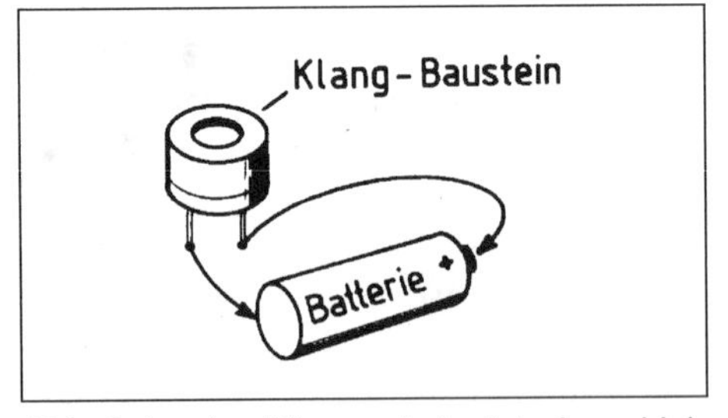

Abb. 2.1 Ausführungsbeispiel eines kleinen melodiespielenden Klangbausteines (ca. 10 mm hoch, Durchmesser ca. 12 mm). Eine zusätzliche 1,5-V- bis 3 V-Batterie bildet hier – neben einem Schaltkontakt – das einzige Zubehör.

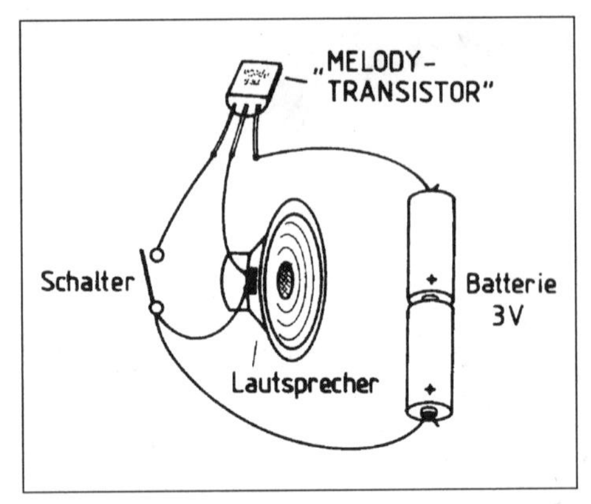

Abb. 2.2 Einige leistungsfähige „MELODY-TRANSISTOREN" beinhalten einen integrierten Endverstärker, der eine laute und angenehme Klangwiedergabe ermöglicht; sie benötigen nur noch einen zusätzlichen Lautsprecher und können bevorzugt als Türglocken eingesetzt werden.

In einigen dieser Bausteine – wie auch in dem Klangbaustein in *Abb. 2.1* – ist neben der Elektronik auch ein kleiner Lautsprecher untergebracht. Es muss zusätzlich nur noch eine Batterie angeschlossen werden, um so ein kleines Wunderwerk der Technik zum Leben zu erwecken. Anwendungsmöglichkeiten: Spieldosen, Einbau in Geschenkartikel (in Pralinendosen), in Spielzeuge, als wohlklingender Signalgeber usw.

Fast jeder von uns hat irgendwann eine Melodieglückwunschkarte erhalten, deren Elektronik aus einem Melodie-IC, einem winzigen dünnen Lautsprecher (Piezoschallwandler) und einer ebenfalls winzigen Batterie besteht. So eine Batterie wird natürlich schnell leer – was bei einer Glückwunschkarte nichts ausmacht. Man kann sie aber durch eine beliebige neue 1,5 V-Batterie ersetzen und in einer Spieldose einbauen.

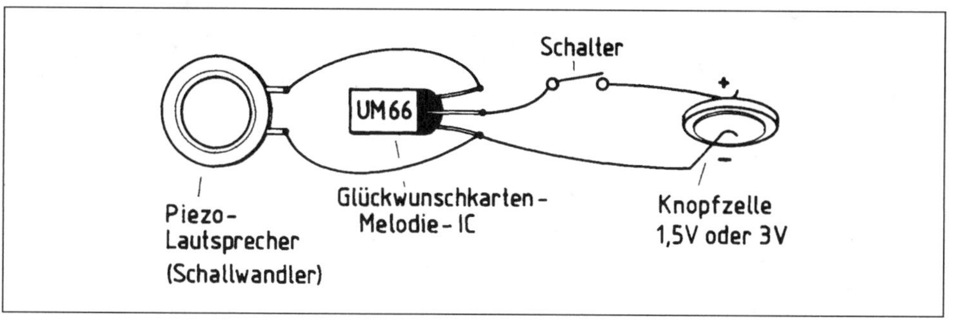

Abb. 2.3 Schaltbeispiel eines Glückwunschkarten-Melodie-ICs (Anbieter: Conrad Electronic).

Solche Glückwunschkarten-ICs und Piezoschallwandler sind aber auch separat erhältlich. Der *Abb. 2.3* ist sowohl die Schaltung, als auch die Typenbezeichnung des Melodie-ICs (UM 66) zu entnehmen. Beim Kauf des ICs steht Ihnen eine größere Auswahl an Melodien zur Verfügung und Sie können zudem zwischen ICs wählen, die nach Abspielen der Melodie stoppen oder die in einer unendlichen Schleife die Melodie solange spielen, bis die Stromzufuhr unterbrochen wird.

Bemerkung

Achten Sie bitte beim Kauf eines *„Schallwandlers" (Piezoschallwandlers)* darauf, dass er für diesen Anwendungszweck „ohne eingebaute Elektronik" ist; oft werden unter derselben Bezeichnung Schallwandler geführt, die bereits als tonerzeugende Bausteine ausgelegt sind.

Zu den weiteren interessanten elektronischen Fertigbausteinen gehören verschiedene Einbruchschutzgeräte und Komponente. Neben einer großen Menge an aufwendigeren funkgesteuerten Geräten und Anlagen gibt es auch viele preiswerte Alarmgeber.

Im einfachsten Fall kann es sich nur um normale Hupen handeln, aber die meisten modernen Alarmgeber sind als elektronische Sirenen ausgeführt, in deren Gehäuse die ganze Elektronik (samt Endverstärker) bereits eingebaut ist. Man braucht nur noch eine Batterie und einen alarmauslösenden Schalter (Kontakt), und die Alarmanlage ist fertig. Ein konkretes Schaltbeispiel zeigt Abb. 2.4. Das hier eingezeichnete „DOG-HORN" erzeugt (als Fertigbaustein) ein kräftiges elektronisches Hundegebell. Die ganze Elektronik ist direkt im „Lautsprecher" eingebaut.

Als Alarmschalter kann hier evtl. ein handelsüblicher Infrarot-Annäherungsschalter (Bewegungsmelder) verwendet werden. Es sollte allerdings einer sein, der nicht direkt mit einer eingebauten Lampe kombiniert ist, sondern nur einen eingebauten Kontakt bedient, der in diesem Fall als *„Alarmschalter"* genutzt werden kann. Diese Lösung hat den Vorteil, dass der einmal ausgelöste Alarm eine Zeitlang tätig bleibt – was z.B. bei einem normalen Trittmatten- oder Türkontakt nicht der Fall wäre (da dauert der Alarm nur so lange, wie der Kontakt eingeschaltet ist).

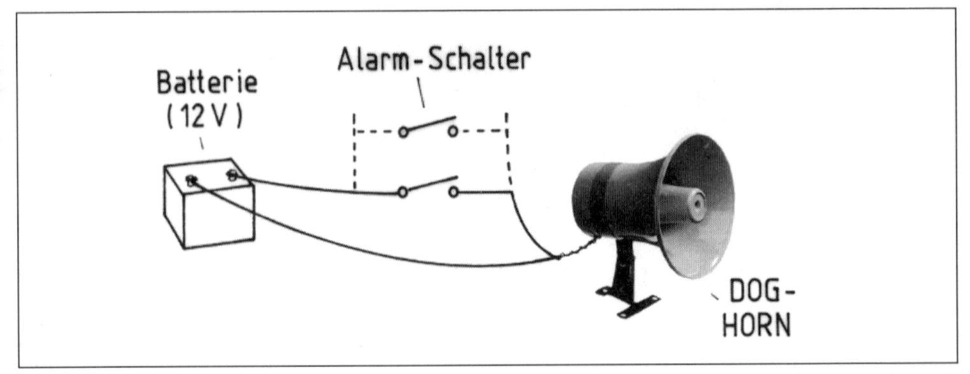

Abb. 2.4 Größere kompakte Klangbausteine können verschiedene Alarmsirenen oder z.B. auch ein elektronisches Hundegebell produzieren und eignen sich vor allem als Einbruchsschutz. Sie benötigen ebenfalls nur eine zusätzliche Batterie und einen oder mehrere Alarm-Schalter.

Mit Hilfe einer einfachen Selbstbau-Schaltung – auf die wir noch später (auf S. 48/ Abb. 3.46) zurückkommen, kann jeder Kontakt so nachgerüstet werden, dass z.B. ein kurzer Impuls genügt, um so einen Alarm beliebig lang heulen (oder bellen) zu lassen. Man kann sogar noch weiter gehen und die Elektronik so auslegen, dass der Alarm nicht unmittelbar in dem Moment einsetzt, wenn z.B. der Einbrecher auf die Kontakt-Trittmatte steigt, sondern etwas verzögert schaltet. Somit ist für einen „Unbefugten“ nicht nachvollziehbar, wodurch er den Alarm ausgelöst hat.

Sie werden in diesem Büchlein noch viele interessante nachbauleichte Bauanleitungen finden, die vor allem einer leicht verständlichen Erklärung der einzelnen Anwendungsmöglichkeiten dienen. Fast alle der hier aufgeführten Schaltungen lassen sich aber auch praktisch nutzen.

Wer noch an weiteren Experimenten interessiert ist, dem steht im Fach- und Versandhandel ein großes Angebot an vorgefertigten Modulen wie auch an Bausätzen aller Art zur Verfügung. Meistens handelt es sich dabei um kleine Einplatinen-Schaltungen nach *Abb. 2.5*.

Wenn Sie sich einen dieser Bausätze zulegen, werden Sie feststellen, dass er aus einer bunten Mischung von verschiedenen Komponenten besteht.

Auf den ersten Blick sieht das Ganze manchmal etwas mysteriös aus. Daher wird im nächsten Kapitel praxisbezogen erklärt, worum es sich bei den einzelnen Bausteinen handelt und wozu sie gut sind.

Eines sollte noch angesprochen werden: In elektronischen Schaltplänen werden alle elektronischen Komponenten meistens in der Form von genormten Zeichensymbolen (Schaltzeichen) dargestellt. Wie dies konkret geschieht, wird in weiteren Kapiteln schrittweise erklärt. Eine besondere „Eigenheit“ aller elektronischen Schaltungen nehmen wir

Abb. 2.5 Ausführungsbeispiel eines Lauflicht-Bausatzes („Knight-Rider"); die ganze Platine ist nur 114 x 55 mm groß (Foto Conrad Electronic).

noch an dieser Stelle unter die Lupe: die sogenannte *„Masse"*.

Die *Masse* spielt in Elektronikschaltplänen, wie auch in den erstellten Schaltungen eine sehr wichtige Rolle. Bei elektronischen Schaltungen, die nur mit einer positiven Versorgungsspannung arbeiten, wird in der Regel als Masse der Minuspol dieser Spannung angewendet – wie den drei Beispielen in *Abb. 2.6* zu entnehmen ist.

Wozu so etwas gut sein kann, geht aus diesem einfachen Schaltbeispiel eigentlich nicht hervor. Sobald jedoch eine Schaltung etwas aufwendiger oder kritischer wird, ist es unvermeidlich, dass eine gemeinsame *Masse* nicht nur eingezeichnet, sondern auch bei Erstellung der Schaltung richtig angelegt wird. Unter dem Begriff „richtig" ist zu verstehen, dass der Leiter dieser Masse (und somit auch der Minuspol der Versorgungsspannung) einen möglichst niedrigen Widerstand hat und keine Schleife (keinen geschlossenen Ring) bildet. An die Masse sind zudem alle Metallteile des elektronischen Gerätes (insbesondere das Chassis) anzuschließen.

Wenn die Masse auf einer Platine als eine schmale Kupferbahn läuft, sollte diese zusätzlich dick verzinnt werden (dadurch sinkt der Ohmsche Widerstand der an sich dünnen Kupferbahn).

In vielen elektronischen Schaltplänen wird die Masse nicht zeichnerisch durchverbunden, sondern an mehreren Stellen separat als „Symbol" eingezeichnet – wie Abb. 2.6c zeigt. Das hat den Vorteil, dass bei einer aufwendigeren Zeichnung die Durchverbindungen der Masse nicht anderen Verbindungen „im Wege stehen", wodurch der Schaltplan wesentlich übersichtlicher wird (es kreuzen sich dort nicht unnötig viele Linien). Beim Nachbau so einer Schaltung bleibt dann dem Elektroniker überlassen, an welche Stelle des „Massenleiters" er die Masse anschließt. Das gilt allerdings auch für alle anderen Verbindungen. Die zeichneri-

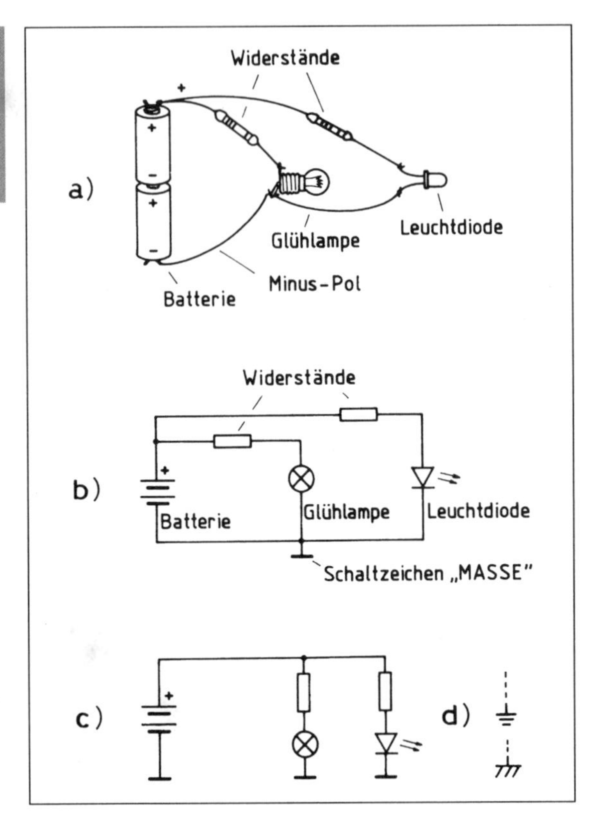

Abb. 2.6 Unterschiedliche zeichnerische Darstellung derselben Schaltung: a) bildlich; b) mit genormten deutschen Schaltzeichen und vollständig eingezeichneten Verbindungen der *Masse*; c) wie vorher aber mit separat eingezeichneter *Masse*; d) amerikanische bzw. ausländische Schaltzeichen der *Masse*, die in diversen Schaltplänen bzw. „Datenblättern" vorkommen.

sche Darstellung einer Schaltung deutet ja immer nur an „wohin etwas angeschlossen wird", aber berücksichtigt nicht die gestalterische Anordnung der Komponente (die bleibt dem Elektroniker überlassen – bzw. wird sie bei einer Bausatz-Platine vorgegeben).

In unseren weiteren Schaltbeispielen werden wir abwechselnd sowohl die bildliche Darstellung als auch die „technisch elegantere" Darstellung mit Hilfe von Schaltzeichen anwenden – um den Leser langsam und schmerzlos an das Lesen der elektronischen Schaltpläne zu gewöhnen. Manche Schaltbeispiele lassen sich bildlich („in natura") gar nicht ausreichend übersichtlich darstellen, denn die Verbindungen würden ein zu großes Durcheinander bilden. Hier müssen wir dann sowieso die wesentlich übersichtlicheren elektronischen Schaltzeichen verwenden. Das erleichtert einen schnellen Einblick in die Funktionsweise der Schaltung.

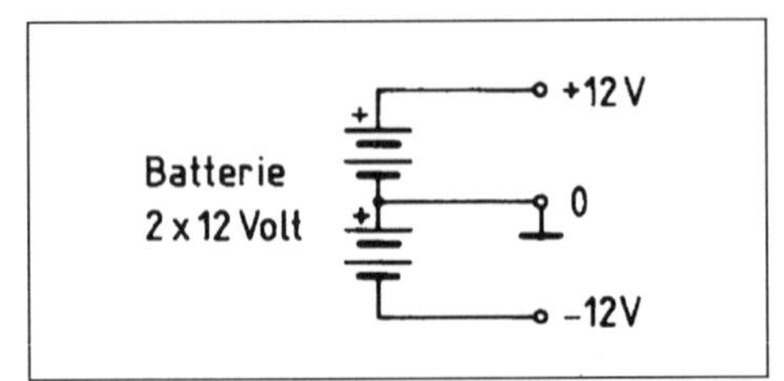

Abb. 2.7 Schaltbeispiel einer *symmetrischen* Spannungsversorgung, die aus einer *PLUS*- und einer *MINUS-Speisespannung* besteht.

Wichtig

Soweit eine Schaltung nur eine positive *(asymmetrische)* Spannungsversorgung hat, wird in der Regel nur der positive Zweig mit einem PLUS-Zeichen versehen. Das MINUS-Zeichen (der Minus-Pol der Batterie) wird weggelassen und durch das Schaltzeichen der *Masse* ersetzt – wie wir es auch in Abb. 2.6 b) und c) getan haben. Dies hat einen tieferen Sinn: Manche elektronischen Schaltungen (bzw. manche ICs) benötigen nämlich eine sogenannte *symmetrische* Spannungsversorgung nach Abb. 2.7. Hier bildet die Masse eine elektrische „Spannungsmitte“, und das MINUS-Zeichen deutet hier darauf, dass es sich um einen negativen Spannungszweig einer symmetrischen Spannungsversorgung handelt. Die eigentliche „Spannungsmitte“ wird dann üblicherweise sowohl mit dem Schaltzeichen der Masse, als auch mit einer „Null“ (Nullspannung) versehen.

3 Bausteine der Elektronik

Viele der herkömmlichen Elektronik-Einzelbausteine werden bei Serienprodukten immer häufiger durch integrierte Schaltungen (ICs) ersetzt, in denen sich auf einer sehr kleinen Fläche unglaublich viele Funktionen unterbringen lassen. Die Abkürzung „IC“ bezieht sich auf das englische Wort *„integrated circuit“*.

Eine elektronische Schaltung, für die man früher die Fläche einer Kinoleinwand benötigte, lässt sich gegenwärtig in einem Chip unterbringen, der nicht einmal die Fläche eines Fingernagels in Anspruch nimmt.

Einen Chip zu entwerfen und zu erstellen ist jedoch sehr kostspielig. Daher kommen integrierte Schaltungen nur dort zum Einsatz, wo mindestens zehntausend Stück benötigt werden. Für Einzelschaltungen oder Kleinserien werden noch viele der traditionellen Einzelkomponente (Transistoren, Widerstände, Kondensatoren usw.) angewendet. Allerdings bevorzugt in Kombination mit integrierten Schaltungen, die auch als vielseitige Universal-Bausteine erhältlich sind.

Bei diesen Universal-Bausteinen handelt es sich um ICs, die einen ganzen Schaltungsteil ersetzen. So gibt es z.B. im Elektronik-Fachhandel integrierte Vorverstärker, Endverstärker, Spannungsregler oder ganze Radioempfänger-ICs, die manchmal nur noch zwei oder drei zusätzliche Bauteile benötigen, und das Gerät ist fertig.

Wie schön, dass es so etwas gibt! Damit kann ein Elektroniker (oder Elektronik-Bastler) schnell und problemlos die wunderbarsten Ideen realisieren – vorausgesetzt er kennt sich mit der Materie einigermaßen aus – wobei dieses Buch behilflich sein wird.

Ohne einige zusätzliche Bausteine kommen auch die meisten integrierten Schaltungen nicht aus. Zudem gibt es verschiedene spezielle Problemlösungen, für die es keine passenden ICs gibt. In dem Fall muss dann so eine Schaltung aus Einzelkomponenten *(diskreten Bauteilen)* zusammengesetzt werden. Daher ist es sinnvoll, dass man darüber im Bilde ist, was es auf dem Gebiet alles gibt und wozu es sich eignet. Dies wird nun anschließend praxisbezogen erklärt.

Da es tausende elektronische Komponente gibt, die sich in der Form und Ausführung voneinander sehr unterscheiden, empfehlen wir Ihnen, dass Sie sich zu diesem Buch noch einen Katalog eines Elektronik-Versandhauses zulegen (siehe auch Lieferantennachweis am Buchende). Dort sind alle gängigen elektronischen Bauteile übersichtlich abgebildet und mit technischen Daten versehen, die wir hier ansprechen werden.

Widerstände und Potentiometer

Unter dem Allgemeinbegriff *„elektrischer Widerstand“* versteht man die Qualität der elektrischen Leitfähigkeit eines Materials. Es hat sich wohl herumgesprochen, dass z.B. die elektrischen Leitungen aus Kupfer sind, weil Kupfer ein guter elektrischer Leiter ist. Ein „guter elektrischer Leiter“ hat einen niedrigen Widerstand (Silber ist in der Hinsicht noch besser als Kupfer).

Porzellan oder Plexiglas haben dagegen einen derartig hohen elektrischen Widerstand, dass sie den elektrischen Strom gar nicht leiten.

Wenn man elektrische Installationen in einem Haus anlegt, wird darauf geachtet, dass der Widerstand der Leitungen (der Drähte) nicht zu groß wird, denn das hat unerwünschte Energieverluste zufolge. Die meisten elektrischen Leiter der Innenbeleuchtung einer einfacheren Hausinstallation haben z.B. einen Widerstand von nur 1 Ohm pro 85 m Länge (bei einen Leiterquerschnitt von 1,5 mm^2).

Der elektrische Widerstand wird sowohl bei einer elektrischen Leitung als auch bei einem Bauteil in *Ohm (Ω)* angegeben.

In elektronischen Schaltungen setzt man zusätzliche Widerstände (als Komponente) gezielt dort ein, wo z.B. eine Art von „Bremswirkung“ oder „Strombegrenzung“ erwünscht ist.

Am leichtesten kann man sich die Funktion eines „Drahtwiderstandes“ folgendermaßen vorstellen: Auf ein Keramikröhrchen wird von links nach rechts ein dünner Widerstanddraht aufgewickelt und an beiden Enden festgeklemmt. Somit ist bereits ein Widerstand fertig. Von dem *„Ohmschen Widerstand“* und der Länge des angewendeten Widerstanddrahtes hängt dann der *Ohmsche Widerstand* eines derartig erstellten Bauteiles ab.

Drahtwiderstände werden in der Elektronik jedoch nur dort angewendet, wo eine hohe Leistung in Wärme umgewandelt werden soll (was selten vorkommt). In gängigen Schaltungen setzt man normalerweise die preiswerten *Kohleschicht-Widerstände* (oft nur als *„Kohlewiderstände“* bezeichnet) ein, bei denen anstelle des Widerstandsdrahtes nur eine dünne Kohleschicht auf einem Keramikkörper (Röhrchen) aufgetragen ist.

Eine etwas teurere Alternative zu den Kohleschichtwiderständen bilden die sogenannten *Metallschicht-Widerstände* (auch als *Metallfilm-Widerstände* bezeichnet), bei denen anstelle der Kohleschicht eine dünne spezielle Metallschicht verwendet wird. Sie sind wesentlich präziser als die „normalen“ *Kohleschicht-Widerstände* und zudem *rauscharm.*

Beim Nachbau einer Schaltung muss man sich nicht den Kopf darüber zerbrechen, welche Widerstände angewendet werden sollten. Soweit in der Schaltung nicht speziell darauf hingewiesen wird, dass an der einen oder anderen Stelle ein Metallschicht-Widerstand eingesetzt werden muss, wendet man nur die einfachen Kohleschicht-Widerstände an.

Das in Schaltplänen verwendete Schaltzeichen eines Widerstandes oder eines Potentio-

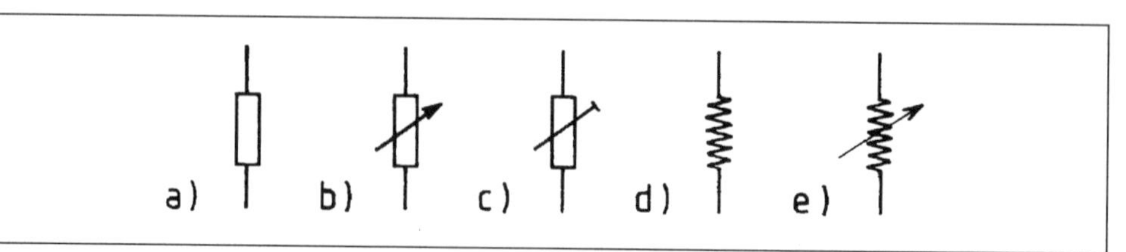

Abb. 3.1 In Schaltplänen werden Widerstände und Potentiometer mit genormten Schaltzeichen dargestellt: a) Widerstand; b) Dreh- oder Schiebepotentiometer c) Einstellpotentiometer (auch Trimmer oder Einstellregler genannt); d) und e) Ausländische Schaltzeichen für Widerstände und Potentiometer.

meters ist einheitlich und berücksichtigt nicht die eigentliche technologische Ausführung des Komponenten. So kann man beim Nachbau einer Schaltung selber bestimmen, ob z.B. der angegebene Potentiometer als Dreh- oder als Schiebepotentiometer eingesetzt wird.

Wozu ein Widerstand gut sein kann, lässt sich am einfachsten mit Hilfe eines praktischen Beispiels erklären: Angenommen, wir möchten an eine 4,5 V-Batterie eine kleine Glühlampe anschließen, die für eine Betriebsspannung von 3 V ausgelegt ist. Schließt man sie direkt an die Batterie an, verbrennt durch die „Überspannung" ihr Glühfaden. Wenn jedoch die zu hohe Batteriespannung mit Hilfe eines zusätzlichen Widerstandes (nach *Abb. 3.2*) entsprechend herabgesetzt wird, erhält die Glühlampe nur die benötigten 3 V. Die restlichen 1,5 V „frisst" der Widerstand sozusagen in sich hinein und wandelt sie in Wärme um.

Von dem *Spannungsbedarf* und *Stromverbrauch* der angeschlossenen Glühlampe – oder eines anderen „Verbrauchers" – hängt der Ohmsche Wert des *Vorwiderstandes* ab. Allerdings nur bei dieser Anwendungsart. Es gibt noch andere Anwendungsarten, bei denen der Widerstand eine völlig andere Aufgabe zu bewältigen hat, als in diesem Beispiel aufgeführt wurde. Was man darunter verstehen dürfte, lässt sich diversen Schaltbeispielen entnehmen, die noch schrittweise folgen werden.

In Schaltplänen wird der Ohmsche Wert der Widerstände in Ohm, Kiloohm oder Megaohm angegeben. Anstelle des Wortes „Ohm" wird international das Zeichen „Ω" (Omega) gebraucht. Wenn im Schaltplan neben einem Widerstand z.B. „15 Ω" steht, bedeutet es also 15 Ohm.

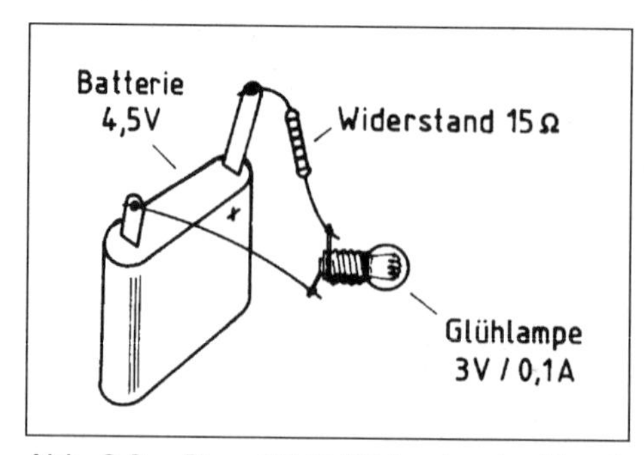

Abb. 3.2 Der 15-Ω-Widerstand *(Vorwiderstand)* reduziert die „Speisespannung" für das 3-V-Lämpchen von der 4,5-V-Batteriespannung auf die erwünschten 3 Volt.

Wenn ein Widerstand tausend Ohm hat, benutzt man hier – ähnlich wie bei Kilometer oder Kilogramm – die Abkürzung „kilo". Im

Schaltplan steht dann neben dem Widerstand z.B. „10 kΩ“ . Es handelt sich in dem Fall also um einen 10 000 Ω-Widerstand. Es gibt aber auch Widerstände mit einigen Millionen Ohm (Megaohm). Hier wird dann der Buchstabe „*M*“ als Abkürzung für *Megaohm* verwendet. Ein „1 MΩ-Widerstand“ hat also einen Ohmschen Wert von *1 Million Ohm* usw.

Bei Widerständen ab 1 000 Ω (1 kΩ) aufwärts wird das „Ω“ meistens weggelassen. Ein 1 kΩ-Widerstand wird dann schlicht mit „1 k“, ein 10 kΩ-Widerstand mit 10 k im Schaltplan eingezeichnet usw. Das genügt völlig, denn aus dem Zeichensymbol geht ja ohnehin hervor, dass es sich um einen Widerstand handelt. Nur bei Widerständen, die kleiner als 1 k*Ω* sind, wird das *Ω-Zeichen* (eventuell) benutzt. Ein 100 Ohm-Widerstand wird dann als „*100 Ω*“, manchmal aber nur als „*100*“ in die Zeichnung eingetragen.

Erwähnenswert wäre noch, dass man in deutschen Schaltplänen die Symbole „*k*“ und „*M*“ mit Vorliebe anstelle von Komma anwendet. Der Wert eines 1 200 Ω-Widerstandes kann somit als *1k2* – anstelle von *1,2 k* – angegeben werden. Eine derartige Schreibweise hat den Vorteil, dass man bei einer etwas schlechter lesbaren Zeichnung den Buchstaben „*k*“ wesentlich besser sieht, als das winzige Kommazeichen. Anstelle von z.B. *2,2 M* wird dann ebenfalls bevorzugt „*2M2*“ gebraucht.

Die gängigsten Widerstände haben nur einen Durchmesser von ca. 1,5 bis 1,6 mm. Wenn man auf so einen Bauteil seinen Ohmschen Wert in Zahlen aufdrucken würde, wäre er nur mit einer Lupe lesbar. Daher hat man sich hier etwas Besonderes einfallen lassen: Man bringt auf den Widerstand farbige Ringe nach *Abb. 3.3* an, die als Kodierung für einzelne Ziffern dienen.

Diese Lösung ist sehr praktisch, aber für einen Anfänger etwas gewöhnungsbedürftig – besonders in Bezug auf die Anzahl der zusätzlichen Nullen, die dafür bestimmend sind, welchen tatsächlichen Ohmschen Wert der Widerstand hat. Ganz so schlimm ist es aber auch nicht: Nehmen wir als Beispiel einen *Kohlewiderstand (Kohleschicht-Widerstand),* dessen vier Farbringe folgende Reihenfolge aufweisen:

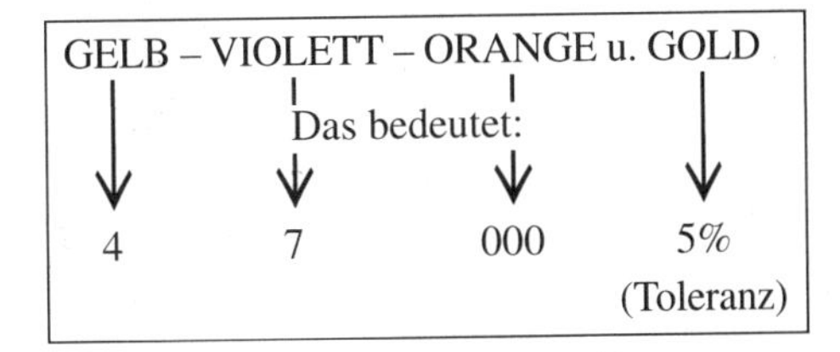

Es handelt sich also um einen Widerstand von 47 000 Ω (= 47 kΩ); die 5% Toleranz beinhalten, dass der tatsächliche Wert um max. 5% von den 47 kΩ abweichen darf (was für eine gängige Schaltung bei weitem ausreicht).

Ein Widerstand hat aber zwei wichtige elektrische Parameter: Den *Ohmschen Widerstand* in Ohm (Ω) und die „*Nennleistung*“ in Watt (W). Beruhigend ist jedoch, dass in den meisten elektronischen Schaltungen nur die gängigsten kleinsten *0,25 Watt-Kohleschicht-Widerstände* angewendet werden. Soweit in einem Schaltplan bei irgendeinem Widerstand nicht ausdrücklich darauf hingewiesen wird, dass er für eine höhere Belastung ausgelegt werden muss, bedeutet es, dass nur die kleinsten und preiswertesten 0,25 W-Widerstände vorgesehen sind. Andernfalls steht im Schaltplan z.B. „*1 k/2 W*“ – was also bedeutet, dass

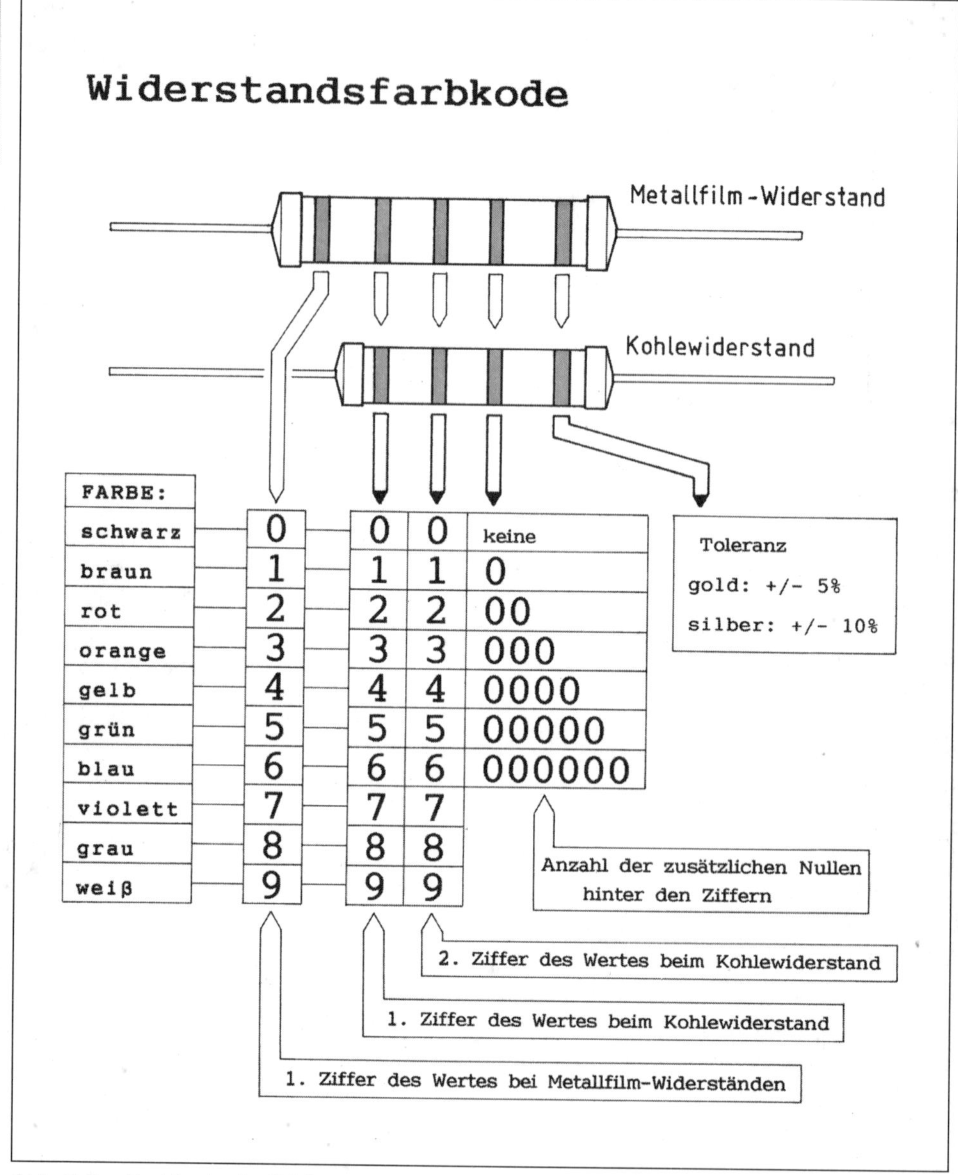

Abb. 3.3 Farbkode der Widerstände.

es sich um einen 1000 Ohm-Widerstand handelt, der zudem für eine Leistung von 2 Watt ausgelegt sein muss.

Wie bereits im Zusammenhang mit der Schaltung in Abb. 3.2 angesprochen wurde, muss hier der Widerstand einen „künstlichen“

Spannungsverlust dadurch bewerkstelligen, dass er die „überflüssige“ Spannung in sich „hineinfrisst“. Wie viel so ein Widerstand in sich hineinfrisst, hängt – im Gegensatz zu einem Haustier – nicht von seiner jeweiligen Stimmung ab, sondern einerseits von seinem Ohmschen Wert, anderseits von dem Strom, der zu dem Zeitpunkt gerade durch ihn fließt.

Der Widerstand ist in diesem Fall als ein Verbraucher (als ein Miniheizkörper) zu betrachten, dessen Leistungsverbrauch sich aus der uns bereits bekannten Formel ausrechnen läßt:

Spannung (in V) × Strom (in A) = Leistung (in W)

Die „Verlustspannung“ am Widerstand beträgt hier (Abb. 3.2) 1,5 V, der Strom, der durch ihn hindurch zum Lämpchen fließt, beträgt 0,1 A; das ergibt:

1,5 V x 0,1 A = 0,15 W

Da normalerweise auch die kleinsten gängigen Kohleschicht-Widerstände für eine max. Leistung von 0,25 W ausgelegt sind, wurde in der Schaltung nach Abb. 3.4 kein Hinweis auf die Nennleistung des Widerstandes vermerkt (weil er ja die 0,15 W ohnehin leicht verkraftet).

Der Ohmsche Wert eines solchen Widerstandes, wie auch seine in Wärme umgewandelte elektrische Nennleistung hängen von dem Stromverbrauch des angeschlossenen Lämpchens (oder eines anderen Bausteines) ab.

Wenn beispielsweise an dieselbe Batterie eine 2,5 V/0,02 A-Leuchtdiode (LED) nach Abb. 3.4a angeschlossen werden soll, muss der „Vorwiderstand“ eine Spannung von 2 V „abfangen“ (4,5 V – 2,5 V = 2 V). In diesem Fall fließt durch den ganzen Kreis ein Strom von 0,02 A (der Strom, den diese LED benötigt, um voll leuchten zu können).

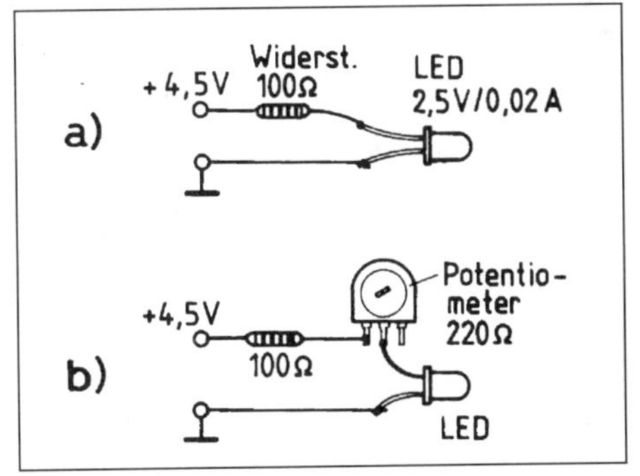

Abb. 3.4 a) Eine 2,5 V/0,02 A-Leuchtdiode (LED) wird über einen 100 W-Vorwiderstand von einer 4,5-V-Batterie betrieben; b) Wenn in Reihe mit dem Vorwiderstand noch ein Potentiometer (Einstellregler) eingelötet wird, kann mit ihm die Lichtintensität der LED geregelt werden.

Das Ganze mag vielleicht auf den ersten Blick etwas zu kompliziert zu sein, aber lässt sich doch sehr einfach ausrechnen. Die Formel sieht ähnlich aus, wie die Formel „Spannung x Strom = Leistung“. Nur haben wir es hier mit anderen „Parametern“ zu tun:

„Widerstand (in Ω) x Strom (in A) = Spannung (in V)

Diese Formel nennt sich „das Ohmsche Gesetz“ und lässt sich bei jeder beliebigen Berechnung universal anwenden. Natürlich auch in Varianten:

Spannung (in V) : Widerstand (in Ω) = Strom (in A) *oder* Spannung (in V) : Strom (in A) = Widerstand (in Ω)

Wenn wir den Wert des Vorwiderstandes in *Abb. 3.4a* selber ausrechnen möchten, wäre die zuletzt aufgeführte Variante der Formel anzuwenden. Als Spannung geben wir diejenige an, die am Widerstand „abgefangen" werden muss – also 2 V (weil die LED ja nur eine Spannung von 2,5 V benötigt). Durch den Widerstand wird „naturbedingt" derselbe Strom fließen, der auch durch die LED fließen soll: Das sind die 0,02 A.

Daraus ergibt sich:
Spannung (2 V) : Strom (0,02 A) =
Widerstand von 100 Ω

In *Abb. 3.4b* wurde in Serie mit dem Vorwiderstand noch ein *Potentiometer* eingezeichnet. Wir kennen *Potentiometer* vor allem als Regelelemente der Lautstärke oder der Klangfarbe bei Geräten der Unterhaltungselektronik.

Wichtig ist zu wissen, dass es *lineare* und *logarithmische Potentiometer* gibt. *Logarithmische Potentiometer* sind für Lautstärkeregelung entworfen und der Unlinearität der menschlichen Hörorgane angepasst. Wendet man für die Lautstärkeregelung fälschlicherweise einen *linearen* Potentiometer an, ist der Regelverlauf sehr unausgewogen. In Verstärkerschaltplänen ist jedoch üblicherweise bei den Potentiometern ein Hinweis (in der Form von *„LOG"* oder *„LIN"*) aufzufinden, nach dem man sich richten sollte. Einige Drehpotentiometer sind mit einem eingebauten Netzschalter ausgelegt.

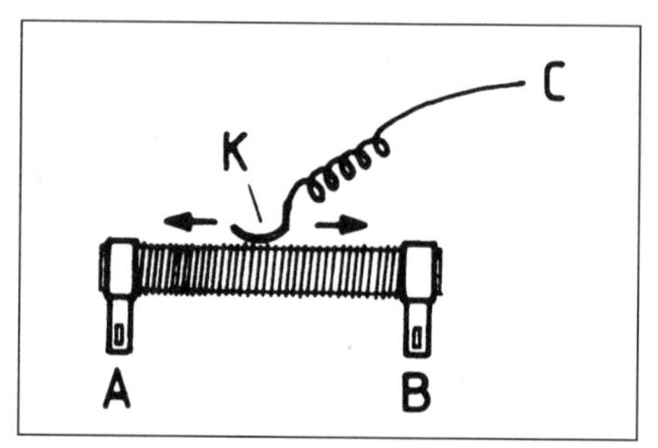

Abb. 3.5 a) Funktionsprinzip eines Potentiometers: Da es sich bei einem jeden Potentiometer im Prinzip um einen Widerstand handelt, der zusätzlich noch mit einem „Schiebekontakt" (K) ausgestattet ist, hat dieser Bauteil normalerweise drei Anschlüsse (A, B und C).

Wenn ein Potentiometer als *„Stereopotentiometer"* bezeichnet wird, handelt es sich um zwei baugleiche Potentiometer in einem Gehäuse.

Widerstände und Potentiometer gibt es zwar in einer großen Auswahl, aber in „abgestuften" (genormten) Standardwerten. Diese sind bei Kohlewiderständen etwas gröber, bei den teureren Metallschicht-Widerständen etwas feiner abgestuft (darüber kann man sich am einfachsten in einem Elektronikkatalog kundig machen).

Widerstände können bedarfsbezogen seriell (nach *Abb. 3.6a*) oder parallel (nach *Abb. 3.6b*) verschaltet werden – was in der Praxis insbesondere bei Experimenten öfter vorkommt. Wenn zwei oder mehrere Widerstände seriell verschaltet werden, summieren sich einfach ihre Werte. Wenn zwei gleiche Widerstände parallel zusammengelötet werden, halbiert sich der Endwert, bei drei gleichen Widerständen sinkt der Endwert auf 1/3 usw.

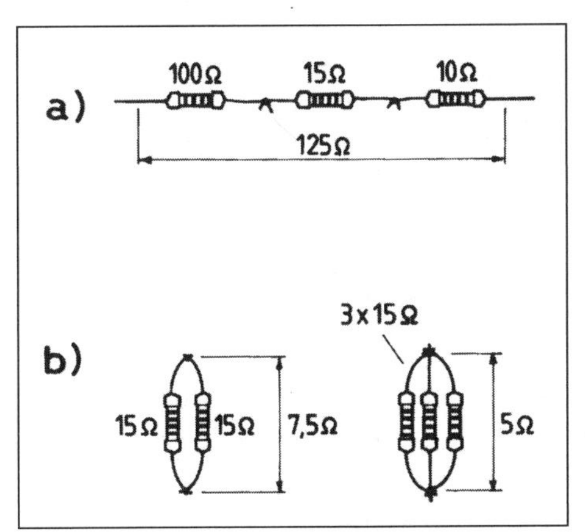

Abb. 3.6 a) wenn mehrere Widerstände in Serie (in Reihe) geschaltet werden, addiert sich ihr Wert; b) zwei bzw. drei gleiche Widerstände in Parallelschaltung: hier halbiert sich der Ohmsche Wert bzw. sinkt auf 1/3 des Einheitswertes.

Fotowiderstände

Eine spezielle Eigenheit weisen die sogenannten *Fotowiderstände (Abb. 3.7)* auf: Voll beleuchtet haben sie einen Widerstand von nur einigen hundert Ohm; bei sinkender Lichtintensität steigt der Widerstand bis auf einige MΩ an. Somit können sie z.B. als „Lichtsensoren" angewendet werden – worauf wir noch später zurückkommen.

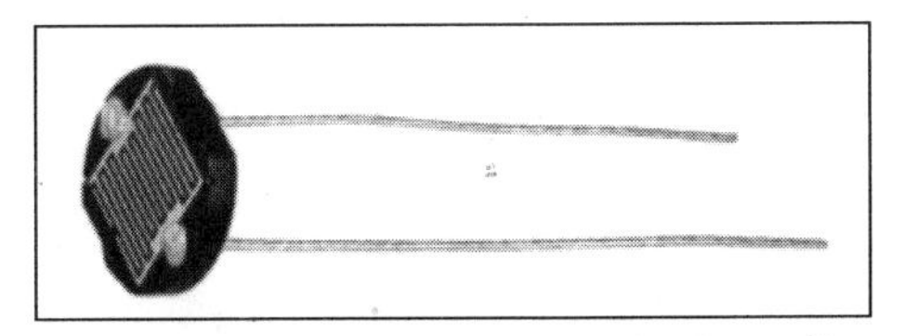

Abb. 3.7 Ausführungsbeispiel eines Fotowiderstandes (Foto Conrad Electronic).

Kondensatoren

Kondensatoren gehören nach den Widerständen zu den gängigsten elektronischen Bausteinen. Es gibt sie in sehr vielen Ausführungen und ihre Anwendungsbereiche können sehr unterschiedlich sein. Vom Prinzip her besteht ein jeder Kondensator aus zwei Elektroden (nach *Abb. 3.8*).

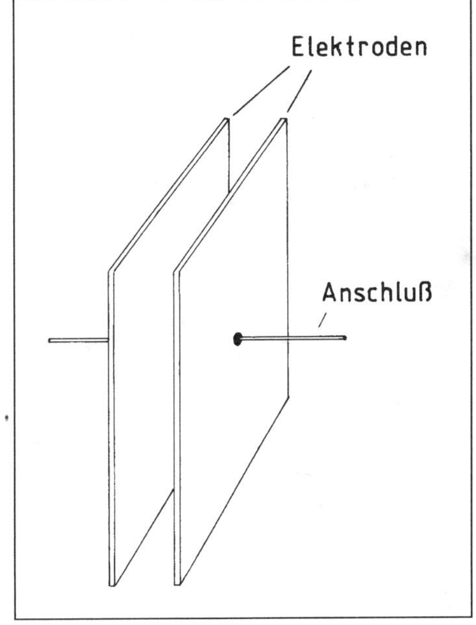

Abb. 3.8 Prinzip eines Kondensators: Je größer die Fläche seiner Elektroden und je kleiner der Abstand zwischen ihnen, desto höher ist seine Kapazität.

Die Kapazität eines Kondensators wird in *„FARAD"* angegeben. In der Praxis begnügt man sich überwiegend mit Kondensatoren, deren Kapazität nur Bruchteile von Farad hat. Die größten Kondensatoren, die man bis auf einige Ausnahmen in der Elektronik anwendet, haben „nur" eine Kapazität von *Mikro-*

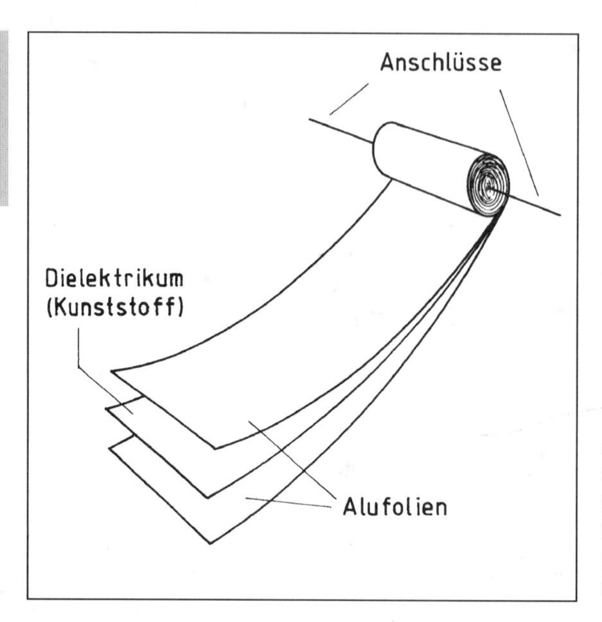

Abb. 3.9 Ein gängiger Kondensator *(Folienkondensator)* besteht aus zwei zusammengerollten Alufolien, zwischen denen ein elektrisch isolierendes Material *(Dielektrikum)* eingelegt ist.

farad (µF), die „etwas kleineren" haben eine Kapazität von einigen *nanofarad* (nF) und die Kapazität der allerkleinsten beträgt nur einige *pikofarad* (pF).

Mit dem Umrechnen gibt es in der Praxis keine Probleme, denn in Schaltplänen steht ja die Kapazität immer angegeben. Nur in den „Übergangszonen" kann es vorkommen, dass der eine Techniker im Schaltplan eine Kapazität von z.B. 0,1 µF angibt und der andere 100 nF (was dasselbe ist).

Die Sache ist einfach:
1000 pF = 1 nF
100 nF = 0,1 µF
1000 nF = 1 µF

Ob ein Kondensator polaritätsabhängig ist oder nicht, geht aus dem Schaltzeichen *(Abb. 3.10)* hervor, das im Schaltplan verwendet wird. Soweit es sich um einen polaritätsabhängigen Kondensator handelt, wird im Schaltplan grundsätzlich auch ein „+" neben seinem „Plus-Füßchen" eingezeichnet.

Wichtig

Alle normalen Elektrolytkondensatoren *(„Elkos")*, Tantalkondensatoren und „Gold-Caps" sind *„polaritärtsabhängig"* und müssen immer polaritätsgerecht angeschlossen werden – andernfalls entsteht in ihnen ein Kurzschluss. Eine Ausnahme bilden in der Hinsicht unter den Elektrolytkondensatoren nur die sogenannten *„bipolaren Kondensatoren"*; sie sind polaritätsunabhängig und werden z.B. in Lautsprecherboxen oder bei Kondensator-Wechselstrommotoren angewendet).

Auf allen Elektrolytkondensatoren ist – ähnlich wie auf Batterien – die Polarität, wie auch

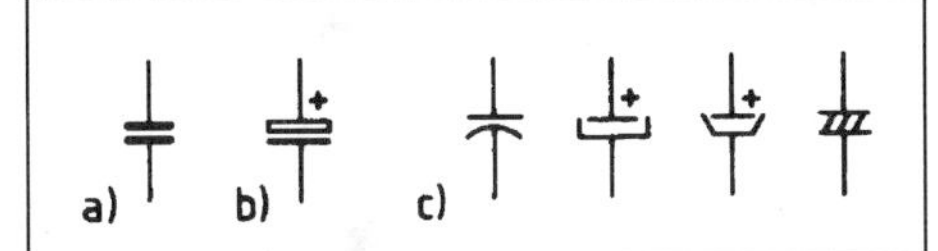

Abb. 3.10 Gängige Kondensatorenschaltzeichen. a) „normale" Kondensatoren, bei denen auf die Polarität nicht zu achten ist, b) Elektrolyt- oder Tantalkondensatoren in u.a. deutschen Schaltplänen, c) ausländische bzw. ältere Schaltzeichen.

die max. zulässige Betriebsspannung angegeben. Auf die zulässige Betriebsspannung ist bei Elektrolyt- und Tantalkondensatoren, wie auch bei „Gold-Caps" (die oft auch als „Super-Caps" bezeichnet werden) strikt zu achten. Tantalkondensatoren sind jedoch sehr klein, und nicht immer lässt sich an ihrem Körper die Polarität und die zulässige Maximumspannung entschlüsseln (lassen Sie es sich lieber jeweils gleich beim Kauf gut erklären).

Ein Kondensator lässt keine Gleichspannung durch (was ja logisch daraus hervorgeht, dass seine zwei „Elektroden" voneinander isoliert sind). Für Wechselspannungen sind Kondensatoren *„frequenzabhängig"* leitend: Je höher die Frequenz, desto besser wird sie durchgelassen. Eine praktische Nutzung dieser Eigenheit zeigt *Abb. 3.11.*

Elektrolytkondensatoren (abgekürzt auch „Elkos" genannt) können auch als *„Energiespeicher"* eingesetzt werden. Man kann sie – ähnlich, wie eine aufladbare Batterie – aufladen. Allerdings ist ihre Kapazität zu gering, um sie anstelle von Batterien zu verwenden. Sie können aber z.B. als Einschalt-/Ausschalt-Verzögerer nach *Abb. 3.12* angewendet

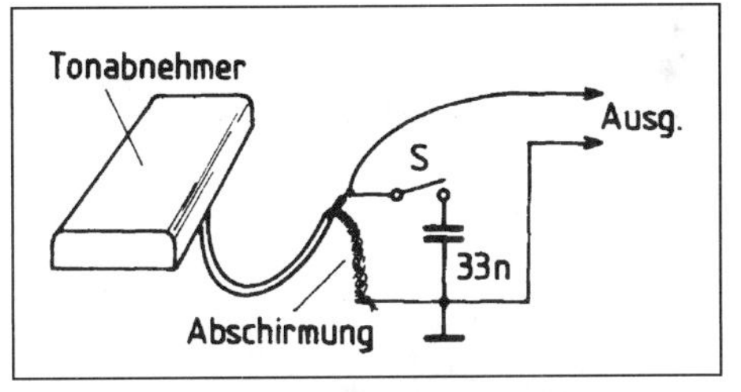

Abb. 3.11 Kondensatoren als Klangregelung einer E-Gitarre: Der Kondensator *33n* schließt hier nach Bedarf die höheren harmonischen Frequenzen des Gitarren-Tones kurz. Je größer seine Kapazität ist, desto mehr werden die „Höhen" abgeschnitten, und der Ton verliert an Schärfe.

werden oder eine pulsierende Gleichspannung (die ein Gleichrichter liefert) glätten – was im 5. Kapitel näher erklärt wird.

Als energiespeichernde Kondensatoren werden oft die so genannten *Gold-Caps* (bzw. *„Super-Caps"*) angewendet. Sie verfügen bei sehr kleinen Abmessungen über eine enorm hohe Kapazität (von z.B. 22 Farad oder mehr) und werden u.a. für eine Überbrückungs-Stromversorgung in Geräten verwendet, bei denen die gespeicherten (einprogrammierten) Daten beim Stromausfall erhalten bleiben müssen. Sie können zwar nur niedrige Spannungen und kleine Ströme (in mA-Bereich) liefern, aber damit gibt sich die Mikroelektronik zufrieden.

Ähnlich wie die Widerstände können auch Kondensatoren parallel oder seriell miteinander verbunden werden – was allerdings meist nur bei Versuchsschaltungen gehandhabt wird (wenn z.B. der benötigte Wert nicht vorrätig ist). *Abb. 3.13* zeigt, wie sich dadurch die Endkapazität ändert.

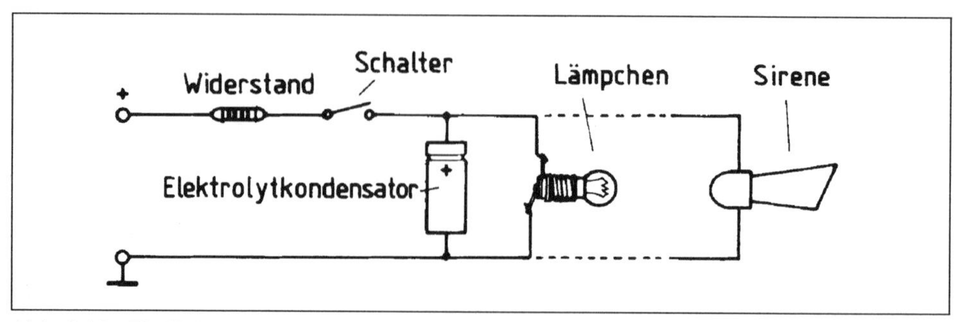

Abb. 3.12 Ein Elektrolytkondensator kann als „Einschaltverzögerung" angewendet werden. Das Lämpchen leuchtet in diesem Fall nach Einschalten des Schalters nicht gleich auf, sondern fängt verzögert (und gleitend) erst dann zu leuchten an, wenn sich der Kondensator aufgeladen hat (wenn die Spannung an seinem PLUS-POL auf eine Höhe gestiegen ist, die das Lämpchen benötigt). Alternativ kann anstelle des Lämpchens z.B. eine Alarmsirene bzw. eine elektronische Schaltung betätigt werden, die verzögert einsetzen soll.

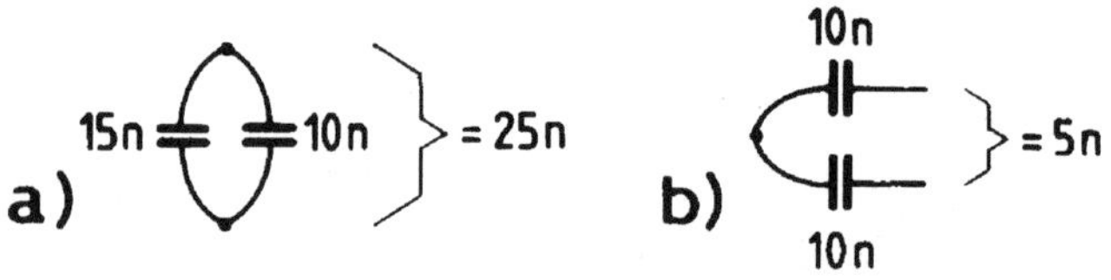

a) 15n 10n = 25n

b) 10n 10n = 5n

Abb. 3.13 a) Parallel dürfen miteinander auch zwei (oder mehrere) beliebige Kondensatoren verbunden werden; die Endkapazität entspricht der Summe aller Einzelkapazitäten; b) Wenn zwei gleiche Kondensatoren in Serie geschaltet werden, halbiert sich die Kapazität (und verdoppelt sich die zulässige Betriebsspannung).

Spulen (Drosseln)

Eine Spule verhält sich in der Elektronik genau umgekehrt zu einem Kondensator. Sie lässt eine Gleichspannung problemlos durch, aber bildet für Wechselspannung ein frequenzabhängiges Hindernis: Je höher die Frequenz der ihr zugeführten Spannung ist, desto schlechter wird sie durchgelassen.

Von der Größe und Ausführung der Spule hängt ihre *Induktivität* ab, die in Henry (H), Millihenry (mH) oder Mikrohenry (µH) angegeben wird. Spulen sind sowohl mit einem magnetisch leitenden Kern (meistens Ferritkern), als auch ohne Kern erhältlich.

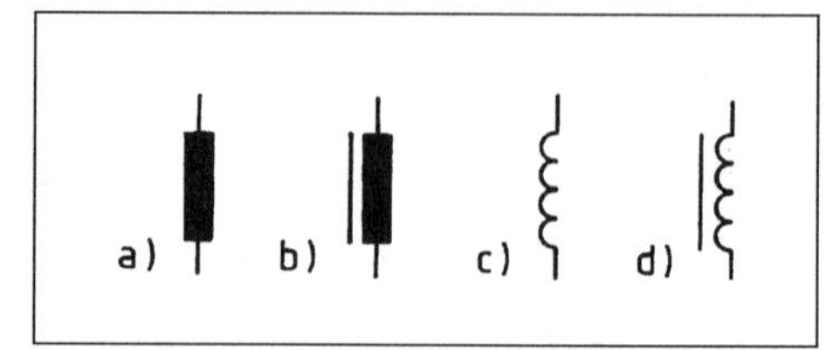

Abb. 3.14 Die gebräuchlichsten Spulenschaltzeichen: a) und c) stellen Spulen ohne magnetischen Kern, b) und d) Spulen mit magnetischem Kern dar.

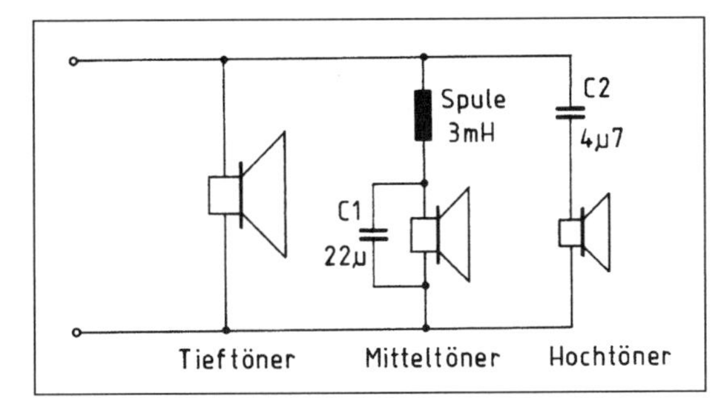

Abb. 3.15 Schaltbeispiel einer einfachen *Frequenzweiche* für eine Lautsprecherbox mit 3 Lautsprechern.

In der Selbstbaupraxis werden Spulen vor allem in Lautsprecher-Frequenzweichen angewendet. Ein einfaches Schaltbeispiel einer sogenannten *„Drei-Wege-Frequenzweiche"* zeigt *Abb. 3.15*. Hier wird sowohl von der Eigenheit einer Spule als auch von der Eigenheit eines Kondensators auf folgende Weise Gebrauch gemacht: Als *„Tieftöner"* wird ein „echter" Basslautsprecher verwendet, der konstruktionsbedingt nur die tiefsten Frequenzen (die tiefsten Töne) wiedergeben kann. Der *„Mitteltöner"* und der *„Hochtöner"* müssen sich dann untereinander die Wiedergabe des restlichen Klangspektrums teilen – wofür die Frequenzweiche zuständig ist. Die Spule *(3 mH)* bildet einen hohen Widerstand für hohe Frequenzen und lässt somit an den *Mitteltöner* nur überwiegend tiefe Frequenzen durch. Teilweise dringen hier dennoch auch hohe Frequenzen durch, aber diese leitet der Kondensator C1 (als „Bypaß") um den *Mitteltöner* um. Den anderen Zweig der Frequenzweiche bildet C2, der an den Hochtöner wiederum nur hohe Frequenzen durchlässt – denn niedrigere Frequenzen lässt ein Kondensator schlecht durch.

Dieses Beispiel schöpft natürlich bei weitem die Anwendungsmöglichkeiten der Spulen nicht aus. So werden sie z.B. oft als Bausteine von Oszillatoren und anderen Schaltungen in der Rundfunk- und Fernsehtechnik oder als Klangregisterbauteile elektronischer Musikinstrumente verwendet.

Transformatoren

Fast ein jedes netzbetriebene elektronische Gerät hat einen Transformator *(Trafo)*, der die 230-V-Netzspannung in eine niedrigere Spannung umwandelt (transformiert), die für die Spannungsversorgung der Elektronik benötigt wird.

Das Konstruktionsprinzip eines Transformators zeigt *Abb. 3.16*: Das Verhältnis zwischen der Anzahl der Windungen an der „Eingangsseite" (Primär) und der Windungen an der „Ausgangsseite" (Sekundär) bestimmt das

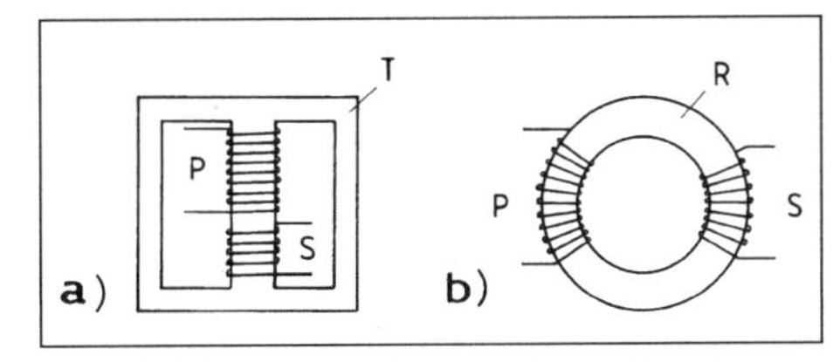

Abb. 3.16 Konstruktionsprinzip eines Transformators: a) die gängigste Rechteckform; b) ein Ringkerntransformator; P = Primärwicklung, S = Sekundärwicklung, T = Trafoblech, R = Ringkern.

Verhältnis der Spannungen (man rechnet jedoch zu der Zahl der Sekundärwindungen ca. 10% auf Verluste dazu).

Ein Transformator kann beliebig viele Wicklungen haben (soweit sie sich an seinem Kern unterbringen lassen). Beim Kauf eines Transformators ist eigentlich nur darauf zu achten, ob sein Sekundär die benötigte Spannung wie auch den benötigten Strom liefern kann (siehe auch Kap. 5).

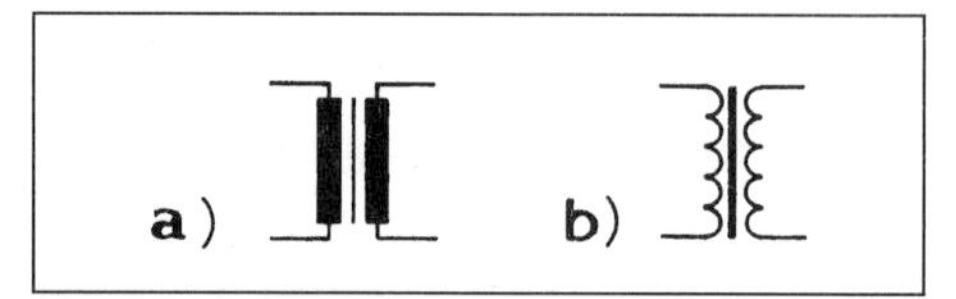

Abb. 3.17 Schaltzeichen eines Transformators; gegenwärtig werden beide Zeichen angewendet.

Dioden und Gleichrichter

In den meisten elektronischen Schaltungen werden nur die kleinen *„Universalsiliziumdioden"* nach *Abb. 3.18* verwendet. Es handelt sich um „Halbleiter", die den elektrischen Strom nur in einer Richtung durchlassen. In der Gegenrichtung bilden sie eine Sperre.

Eine sehr breite Anwendung finden Siliziumdioden als Netzteil-Gleichrichter nach *Abb. 3.20.* Die Lösung nach a) wird nur selten verwendet, weil hier nur die positiven Pulse der Wechselspannung genutzt werden. Die weiteren zwei Lösungen sind elektrisch annähernd gleichwertig. Die Lösung nach b) ist etwas teurer, der Spannungsverlust im Gleichrichter ist aber nur halb so hoch wie der Lösung bei c) – er beträgt nur ca. 0,75 Volt gegenüber den ca. 1,5 V beim Brückengleichrichter (wo die Sekundärspannung immer über zwei Gleichrichterdioden gleichzeitig fließen muss).

Ein Elko *(Glättungs-/Ladekondensator)* am Ausgang des Brückengleichrichters glättet die Pulse und verändert die ursprünglich pulsierende Spannung in eine ziemlich glatte Gleichspannung (wie rechts in *Abb. 3.20c* eingezeichnet ist). Diese Gleichspannung weist allerdings noch geringfügige Rillen auf, die um so tiefer sind, je kleiner die Kapazität des Elkos ist (je kleiner die Kapazität des Elkos,

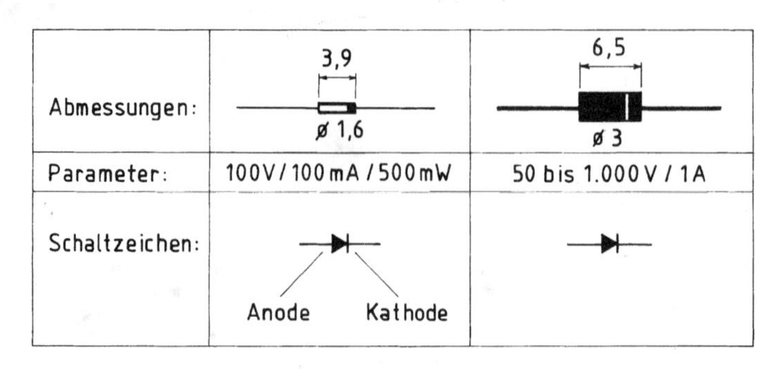

Abmessungen:	3,9 / ø 1,6	6,5 / ø 3
Parameter:	100V / 100mA / 500mW	50 bis 1.000V / 1A
Schaltzeichen:	Anode, Kathode	

Abb. 3.18 Universalsiliziumdioden.

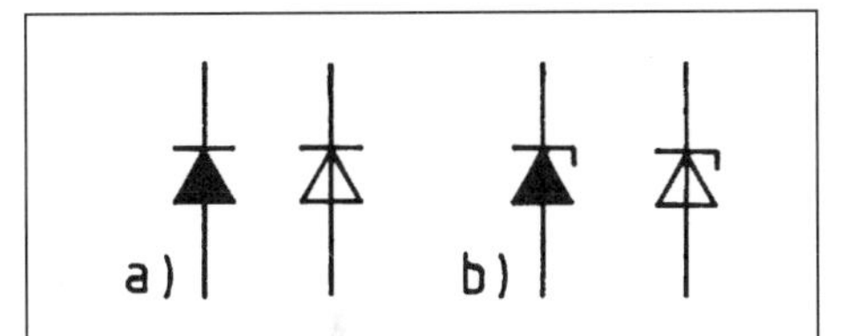

Abb. 3.19 Dioden-Schaltzeichen: a) „herkömmliche“ Dioden; b) Zenerdioden (beide der nebeneinander aufgeführten Zeichenarten werden gebraucht).

desto größer ist der Unterschied zwischen *U1* und *U2*). In modernen Netzteilen werden jedoch diese „Rillen“ mit Hilfe von zusätzlichen Spannungsreglern geglättet (worauf wir noch im 5. Kap. zurückkommen).

In Schaltplänen wird der Brückengleichrichter manchmal mit allen 4 Dioden nach *Abb. 3.21a*, manchmal nur symbolisch nach *Abb. 3.21b* dargestellt. Dies genügt schon deshalb, weil kompakte Brückengleichrichter als Fertigbausteine (z.B. nach *Abb. 3.21c*) sehr preiswert erhältlich sind. Daher verwendet man einzelne Dioden nur noch selten – obwohl technisch nichts dagegen spricht (bis auf den Aspekt, dass bei Einzeldioden die Kühlung nicht so gut ist, wie bei einem größeren vergossenen Gleichrichter).

Ein ganz anderes „Verhalten“ weisen die sogenannten *Zenerdioden* auf:

Sie funktionieren als eine Art Spannungsbarrieren (nach *Abb. 3.22a*) bzw. als „Spannungsschlucker“ (nach *Abb. 3.22b*). Man macht sich diese Eigenheit der Zenerdioden u.a. dort zu Nutzen, wo man in einem kleinen Schaltungsteil eine stabile „Zweitspannung“ benötigt.

Wenn uns beispielsweise in einem Gerät nur eine 9-V-Versorgungsspannung zur Verfügung steht und wir benötigen zusätzlich eine 5,1-V-Zweitspannung, so kann dies nach Abb. 3.22a bewerkstelligt werden. Der Ohmsche Wert des Vorwiderstandes *Rx* muss so

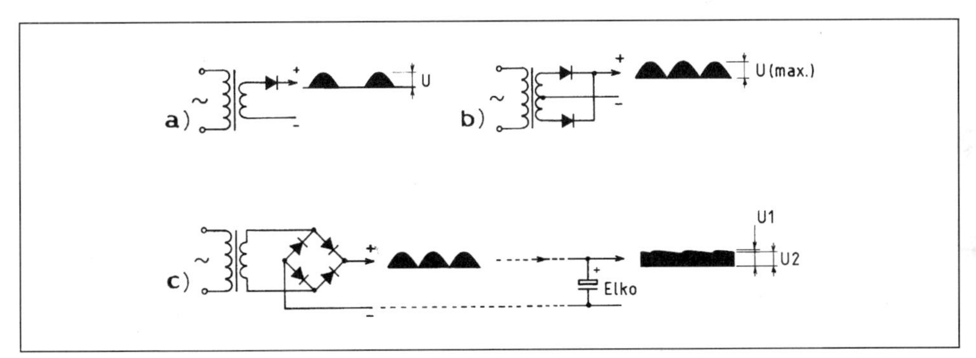

Abb. 3.20 Siliziumdioden als Gleichrichter: a) die einfachste Lösung mit nur einer Siliziumdiode; b) wenn der Transformator zwei dafür bestimmte Sekundärwicklungen hat, genügen zwei Siliziumdioden für die optimale Gleichrichtung; c) Vier Dioden in einer *„Brückenschaltung“* benötigen nur eine einzige *Sekundärwicklung* am Trafo. Ein zusätzlicher *Ladekondensator (Elko)* glättet den pulsierenden Gleichstrom. Je höher seine Kapazität und je niedriger die Stromabnahme, desto kleiner ist der Unterschied zwischen *U1* und *U2* (und desto seichter sind die übergebliebenen Spannungsrillen).

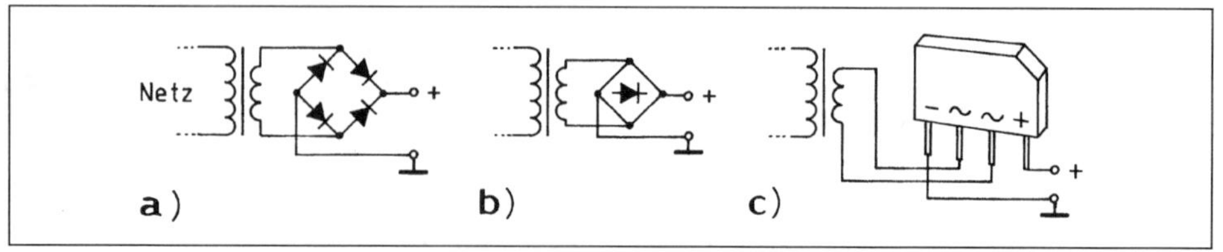

Abb. 3.21 Schaltzeichen eines Brückengleichrichters, in dem alle 4 Dioden eingezeichnet sind; b) Vereinfachtes Schaltzeichen eines Brückengleichrichters; c) Ausführungsbeispiel eines Brückengleichrichters als Fertigbaustein.

gewählt werden, dass auch bei der vorgesehenen Stromabnahme am 5,1-Volt-Ausgang die Zenerdiode *(ZPD 5,1 V) „gerade noch"* die benötigte 5,1-V-Spannung erhält. Erhält sie weniger, dann kann sie die Spannung auf die benötigten 5,1 V von sich aus natürlich nicht erhöhen. Ist der Widerstand *Rx* wiederum zu niedrig, fließt durch die Zenerdiode ein zu hoher Strom, der sie entweder nur sehr aufheizt oder sogar vernichtet (hier ist – ähnlich, wie bei einem Widerstand – auf die Leistung der angewendeten Zenerdiode zu achten).

Zenerdioden sind für Festspannungen von 1 V bis ca. 180 V erhältlich – allerdings in einer etwas gröberen Abstufung, über die man sich z.B. in einem Elektronik-Katalog kundig machen kann. Üblicherweise geht bei Zenerdioden bereits aus der Typenbezeichnung – die z.B. *„ZPD 5,1 V"* lautet – hervor, für welche Zenerspannung sie ausgelegt sind.

Sie sind zudem – ähnlich wie Widerstände – für verschiedene Leistungen erhältlich.

Die Zenerdiode *(ZPD 3 V)* in *Abb. 3.22b* fungiert zwar elektrisch auf dieselbe Weise, wie die Zenerdiode in *Abb. 3.22a,* ist jedoch in der Schaltung ein wenig anders angeordnet. Sie verhält sich hier als ein *„Spannungsschlucker"* und schluckt einfach (ohne Rücksicht

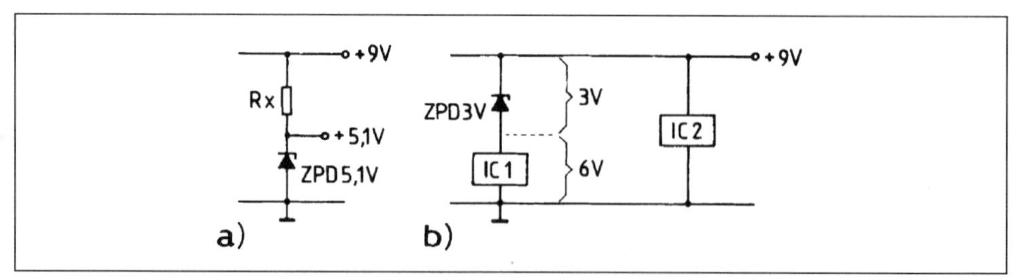

Abb. 3.22 Zwei Schaltbeispiele mit Zenerdioden (üblicherweise geht bereits aus der Typenbezeichnung solcher Dioden hervor, für welche *„Zenerspannung"* sie angewendet werden können); a) bei dieser Anwendungsart erhält man eine stabile Festspannung an der Zenerdiode ; b) hier fängt die Zenerdiode ihre Zenerspannung auf und lässt nur die restliche Spannung weiter – in diesem Fall zu einem Schaltkreis oder Baustein, die eine niedrigere Versorgungsspannung benötigt als vom Spannungsregler kommt.

auf den Strom, der sie durchfließt) ihre „Zenerspannung“. Sie frisst sozusagen diese Spannung in sich hinein und lässt nur den Rest der ihr zugeführten Spannung weiter durchfließen.

Das trifft sich gut, wenn man z.B. in dem Schaltbeispiel nach Abb. 3.22b das *IC1* mit einer 6-V-Spannung und das *IC2* mit der vorhandenen 9-V-Spannung versorgen möchte (oder muss).

Wenn wir beispielsweise in dieser Schaltung anstelle der 9-V-Spannung eine 23-V-Spannung über eine 10-V-Zenerdiode zum *IC1* führen würden, bekäme dieses IC eine „Restspannung“ von 13 V. Die 10-V-Zenerspannung würde die Zenerdiode (z.B. die Type *ZPD 10 V*) für sich behalten.

Wozu so etwas in der Praxis überhaupt gut sein kann, darauf kommen wir noch im Zusammenhang mit „Sound-ICs“ später zurück.

Leuchtdioden (LEDs)

Eine Leuchtdiode (kurz LED – als Abkürzung für *„light-emmiting-diode“*) gehört zwar auch zu der Familie der Siliziumdioden, aber fungiert als eine Lichtquelle. Die meisten kleineren Leuchtdioden haben nur eine bescheidene Lichtintensität, aber wiederum einen sehr niedrigen Leistungsverbrauch und eine äußerst hohe Lebensdauer. Sie werden in der Elektronik meistens als Kontrolllämpchen verwendet.

Runde LEDs haben einen Durchmesser von etwa 1 bis 20 mm, sind auch in rechteckiger oder dreieckiger Form und in den Farben rot,

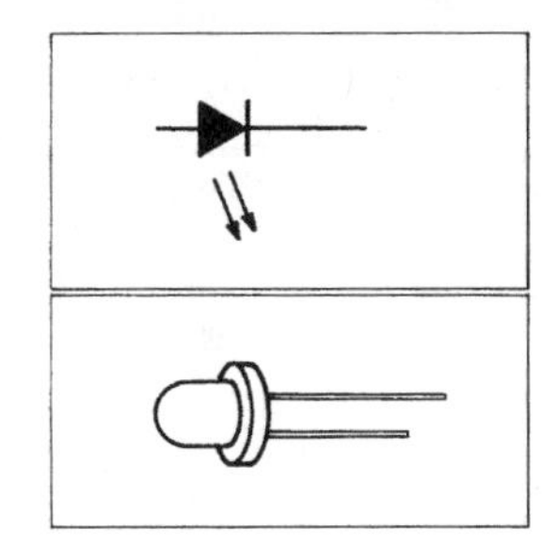

Abb. 3.23 Schaltzeichen einer LED (oben) und ihre praktische Ausführung (unten).

gelb, grün, weiß und blau erhältlich. Standard-LEDs sind in der Hauptsache für einen Betriebsstrom von max. ca. 20 mA (0,02 A) ausgelegt. Die sogenannten *„LOW-CURRENT-LEDs“* nehmen – bei annähernd derselben Lichtintensität – mit nur ca. 2 bis 4 mA Genügen.

Die Betriebsspannung der meisten LEDs liegt zwischen ca. 1,6 und 3,2 V (je nach Farbe und Typ). Der vom Hersteller angegebene Maximumstrom sollte nicht überschritten werden. LEDs leuchten nur bei richtiger Polarität, eine falsche Polarität beschädigt sie aber nicht (daher kann probeweise ermittelt werden, wie eine unbekannte LED angeschlossen werden muss).

Soweit die LEDs einigermaßen vorselektiert sind, können sie nach *Abb. 3.24* in Reihe (als Lichtketten) verschaltet werden. Wenn eine blinkende LED – wie eingezeichnet – in die Kette eingelötet wird, blinken in ihrem Rhythmus alle restlichen LEDs der Kette mit – was z.B. für eine Party- oder Warnbeleuchtung angewendet werden kann.

Zu erwähnen wäre noch, dass es auch zweifarbige LEDs gibt (als zwei LEDs in einem Gehäuse). Soweit sie nur 2 Füßchen haben,

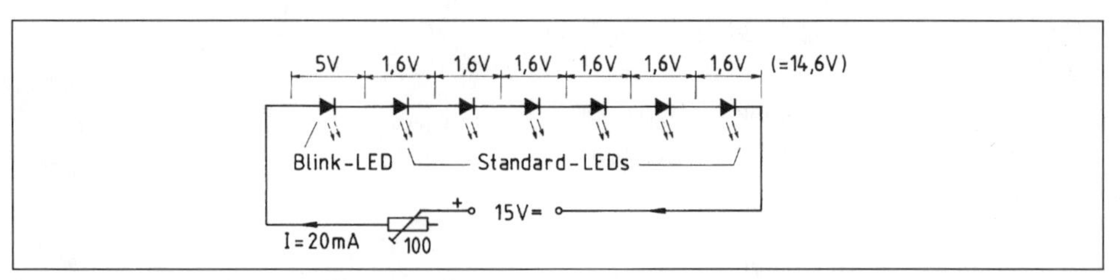

Abb. 3.24 Wenn eine ausreichend hohe Versorgungsspannung zur Verfügung steht, können mehrere LEDs in Serie geschaltet werden – bedarfsbezogen auch in Kombination mit einer blinkenden Spezial-LED: der eingezeichnete Einstellregler (100 Ω) dient zu Einstellung der Lichtintensität, und sein Wert muss bedarfsbezogen der Spannungsdifferenz, die er auffangen soll, angepasst werden.

hängt von der Polarität ab, welche der Farben jeweils leuchtet. Bei zweifarbigen LEDs mit 3 Füßchen bildet eines der Füßchen den gemeinsamen Anschluß, die restlichen zwei gehören jeweils der einzelnen Farbe an (diese LEDs werden oft als „dreifarbig" bezeichnet, weil bei gleichzeitiger Anwendung beider Farben eine dritte „Mischfarbe" entsteht).

LEDs gibt es auch in der Form von Leuchtbandanzeigen, numerischen Anzeigen oder als Infrarot-Sendedioden (für u.a. Einbruchsschutz-Lichtschranken).

Transistoren

gehören zu den sogenannten *„aktiven Elektronikbausteinen"*. Sie können regeln, verstärken, schalten usw. An dem Ventil der Rohrleitung in *Abb. 3.25* muss man drehen, um eine Veränderung des Wasserstroms zu bewirken. An der Basis eines Transistors kann – in etwas übertragenem Sinne – ebenfalls gedreht werden, um den Stromdurchfluss zu regeln.

Wie so ein „Drehen" am Transistor vor sich geht, zeigt *Abb. 3.26*: Anstelle eines Ventils wird hier ein kleiner Potentiometer *P* verwendet, mit dessen Hilfe man die optimale Spannung für die Basis *B* des Transistors einstellt, um ihn zu „öffnen" (wodurch dann das Lämpchen *L* aufleuchtet).

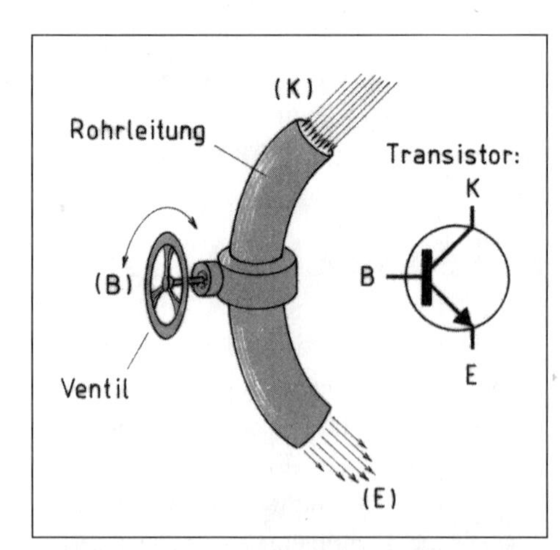

Abb. 3.25 Ein Transistor verhält sich wie ein „Stromleiter" mit einem „Regelventil", mit dem man die Stärke des Stromdurchflusses regeln kann. Der elektrische Strom fließt in einem solchen Transistor von oben nach unten (vom Kollektor *K* zum Emitter *E*) ähnlich, wie das Wasser in der links eingezeichneten Rohrleitung. Die Basis *B* des Transistors hat hier dieselbe Funktion wie das Ventil an der Rohrleitung.

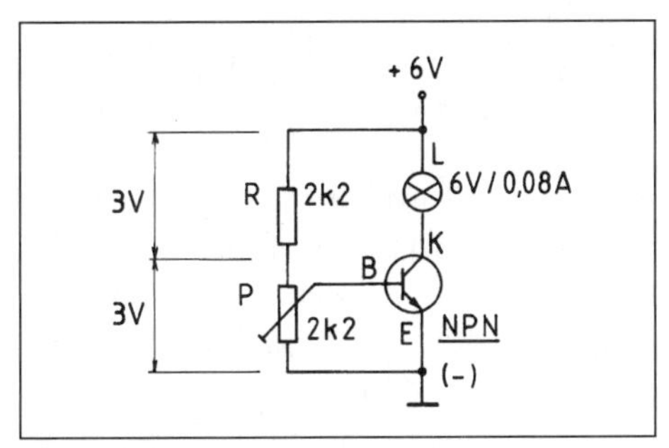

Abb. 3.26 Funktionsprinzip eines Transistors, der hier wie ein Lichtdimmer geschaltet ist; mit Potentiometer P wird die Lichtintensität des Glühlämpchen L geregelt.

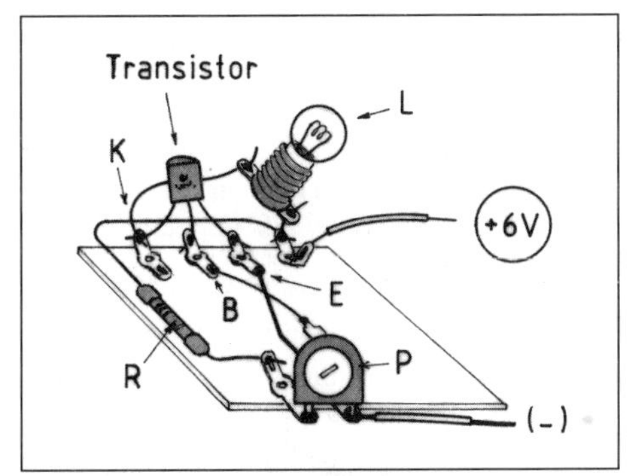

Abb. 3.27 Ein praktisches Ausführungsbeispiel der vorhergehenden Schaltung, die auf einer zweireihigen Pertinax-Lötleiste aufgebaut ist.

Diese Schaltung ist erklärungsbedürftig: Der Transistor fungiert hier als ein Dimmer, der in Reihe mit dem Lämpchen zwischen dem Pluspol (oben) und Minuspol (unten) an einer 6-V-Spannung „hängt“. Solange die Basis B des Transistors nur eine „zu niedrige“ Spannung vom Potentiometer P erhält, bleibt der Transistor geschlossen. Wenn wir nun mit dem „Laufkontakt“ des Potentiometers langsam nach oben fahren, wird sich die Spannung an der Basis langsam erhöhen, damit wird sich der Transistor langsam öffnen und das Lämpchen fängt irgendwann zu leuchten an. Wenn wir nun die Spannung an der Basis weiter erhöhen, wird das Lämpchen solange zunehmend heller leuchten, bis das Maximum der Intensität erreicht ist (bis der Transistor ganz offen ist).

Unter dem Motto „Probieren geht über Studieren“ ist es sehr zu empfehlen, eine Versuchsschaltung nachzubauen, die z.B. nach *Abb. 3.27* ausgeführt werden kann. Die Komponenten sind hier auf einer handelsüblichen zweireihigen Pertinax-Lötleiste (mit Lötösen) aufgelötet. Für diese Versuchsschaltung kann fast jeder „kleine“ NPN-Transistor verwendet werden (z.B. die Type BC 547 C, BC 149 C, BC 172, BC 173 usw.). Achten Sie bitte aber darauf, dass die Füßchen des angewendeten Transistors auch richtig angeschlossen werden!

Jetzt zu der Bezeichnung *„NPN“*. Es gibt zwei Grundtypen unter den gängigen Transistoren: NPN und PNP (siehe *Abb. 3.28*). Der Unterschied liegt hier (nur) in der Polarität, die aus der Pfeilrichtung im Emitter *E* hervorgeht. Wenn man z.B. den NPN-Transistor in dem Schaltbeispiel nach Abb. 3.26 durch einen PNP-Transistor ersetzen möchte, muss sein Kollektor *K* über das Lämpchen *L* einfach an den Minuspol der 6-V-Spannung und sein Emitter *E* an den Pluspol der Spannung angeschlossen werden.

Die ganze Sache mit den PNP-Transistoren ist wegen der „umgekehrten Spannung“ gewissermaßen unsympathisch und man arbeitet daher lieber mit den NPN-Transistoren – soweit es geht. Manchmal hat die Anwendung des PNP-Transistors dennoch einen tie-

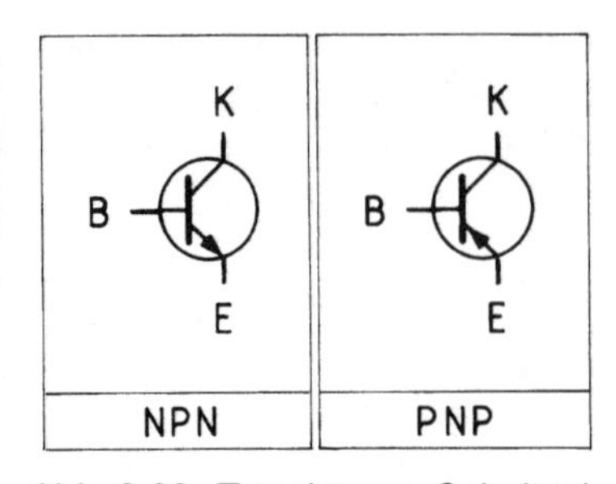

Abb. 3.28 Transistoren-Schaltzeichen (manchmal werden die Transistorenschaltzeichen auch ohne die hier eingezeichneten Kreise in Schaltplänen eingezeichnet); *K = Kollektor, B = Basis, E = Emitter.* Bemerkung: Der Kollektor wird in vielen Bauanleitungen mit dem Buchstaben *„C“* – anstelle von *„K“* – angegeben.

feren Sinn (oder es taucht so ein Transistor in einem Schaltplan einfach auf). Es ist also gut zu wissen, dass es so etwas gibt und worum es sich in etwa handelt.

Nun wäre die Antwort auf die berechtigte Frage fällig, was man sonst noch mit Transistoren anfangen kann. Die nun folgenden Schaltbeispiele zeigen einige einfache und dennoch nützliche Anwendungsmöglichkeiten.

Der einfache Vorverstärker in *Abb. 3.29* ist sehr leicht nachzubauen: ein Transistor, drei Widerstände (1M5, 220Ω und 5k6), drei Kondensatoren (100n, 2µ2 und 47µ), ein Potentiometer – und die Schaltung ist fertig. Wenn ein bestehender Verstärker zu „schwach“ ist, um z.B. die E-Gitarre (oder eine andere elektronische „Klangquelle“) ausreichend verstärken zu können, kann so ein zusätzlicher Vorverstärker wahre Wunder bewirken.

Auch die einfache Schiffsirene nach *Abb. 3.30* kann von so einem kleinen Vorverstärker Gebrauch machen (falls sie der angewendete Verstärker nicht genügend verstärken will). Diese „Sirene“ ist eigentlich nichts anderes als ein Tongenerator, der als *„Doppel-T-Oszillator“* bezeichnet wird. Das eine „T“ bilden die Komponente *R1 – C3 – R2*, das zweite „T“ die Komponente *C1 – Einstellregler 220 k – C2*.

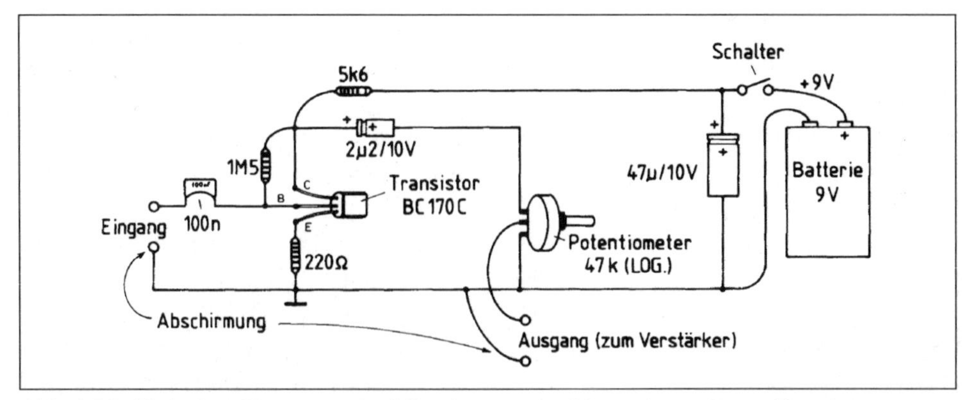

Abb. 3.29 Einfacher Gitarren- oder Mikrofonvorverstärker mit nur einem Transistor.

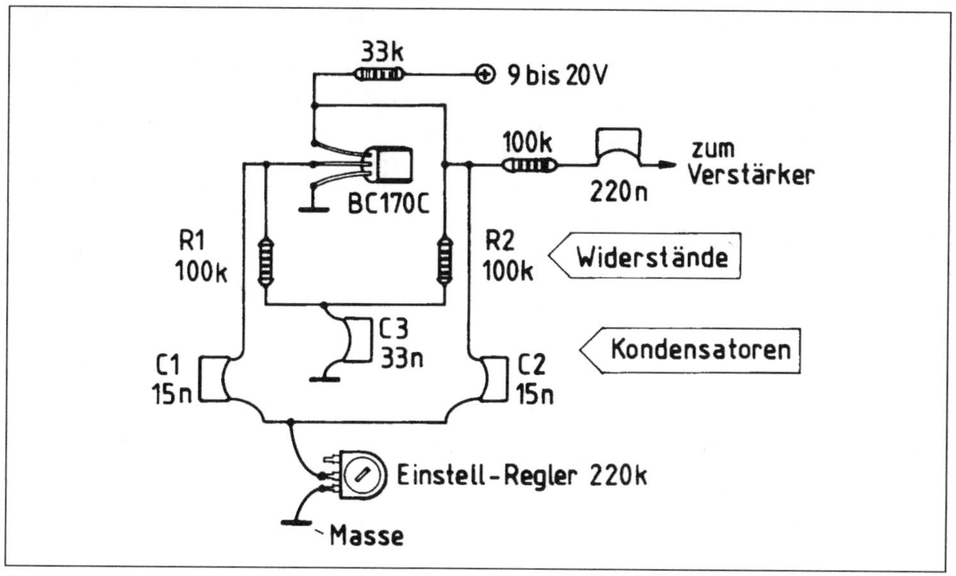

Abb. 3.30 Nachbauleichtes Schaltbeispiel einer Schiffsirene.

Wenn die fertige Schaltung an eine Speisespannung (von 9 bis 20 V) und an einen Verstärker angeschlossen wird und keinen Ton von sich gibt, wird einfach an dem Einstellregler gedreht, bis die Schwingungen des Oszillators hörbar einsetzen (also bis die Sirene loslegt).

So eine Sirene kann z.B. als ein witziger Gag anstelle der langweiligen Türglocke eingesetzt werden. Wer mit der Tonhöhe nicht zufrieden ist, kann diese einfach damit ändern, dass er anstelle der *R1* und *R2* zwei andere Werte (aber immer zwei gleiche Werte!) anwendet – z.B. zweimal 47 k (höherer Ton) oder zweimal 150 k (tieferer Ton).

Es können auch zwei oder drei solcher Schaltungen nebeneinander arbeiten, und einen Zweiklang (z.B. eine Terz) oder Dreiklang (Akkord) erzeugen. In dem Fall sollten die Tonhöhen harmonisch aufeinander abgestimmt werden (durch experimentelle Änderung der *R1* und *R2* oder auch der *C1* bis *C3*). Dabei ist die folgende Faustregel zu beachten: Die Kapazität des *C3* sollte doppelt so hoch sein, wie die Kapazität von *C1* oder *C2* (deren Kapazität immer gleich sein muss).

Strikt genommen, hätte in unserem Schaltbeispiel der *C3* eine Kapazität von *30 n* (anstelle von 33 n) haben müssen; die gibt es aber standardmäßig nicht, also wird die kleine Abweichung in Kauf genommen. Man könnte allerdings als *C3* zwei Kondensatoren *15 n* parallel aneinander löten und somit genau die optimale Kapazität erreichen.

Weiterhin gilt bei einem Doppel-T-Oszillator, dass auch der Wert des Einstellreglers mindestens doppelt so hoch sein muss wie der Wert von *R1* oder *R2*.

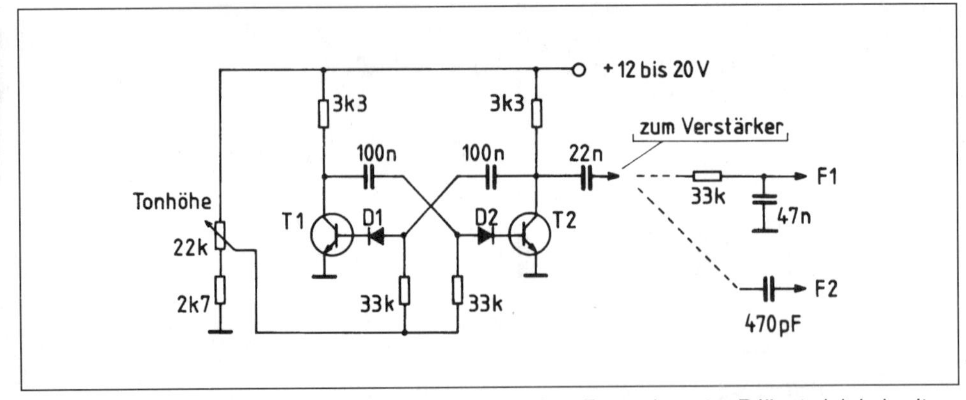

Abb. 3.31 Ein Multivibrator als Tongenerator: mit dem Potentiometer P lässt sich in breitem Umfang die Tonhöhe ändern; andernfalls können Kondensatoren *C1/C2* durch zwei größere (aber gleiche) Kondensatoren ersetzt werden, wenn der Tonbereich tiefer liegen sollte. Als Transistoren *T1* und *T2* können fast alle NPN-Typen – z.B. BC 108, BC 547 usw. – verwendet werden. Dioden *D1* und *D2: 1 N 41 48* oder beliebige „namenlose" Siliziumdioden.

Wesentlich leichter lässt sich die Tonhöhe bei einem Tongenerator ändern, der als ein *Multivibrator* nach *Abb. 3.31* arbeitet.

Nachdem wir in den zwei vorhergehenden Schaltbeispielen eine bildliche Darstellung angewendet haben, bevorzugen wir nun interessehalber (aber auch übersichtshalber) die „echten Schaltzeichen". Dies hat besonders bei einem Multivibrator den Vorteil, dass auch seine zwei Transistoren gegenseitig im Spiegelbild gezeichnet werden können, was eine übersichtliche symmetrische Darstellung ermöglicht.

Dieser Tongenerator arbeitet auf Anhieb – nur die gewünschte Tonhöhe ist noch einzustellen. Gegenüber dem vorhergehenden *„Doppel-T-Oszillator"* erzeugt der *„Multivibrator"* jedoch einen wesentlich schärferen (rechteckförmigen) Ton, der ziemlich „elektronisch" klingt.

Man kann diesem Ton durch zusätzliche Klangfilter (die rechts im Schaltplan gestrichelt eingezeichnet sind) wahlweise entweder die höheren Frequenzen gegen die Masse kurzschließen (wodurch der Klang *„F1"* wärmer wird) – oder sie im Gegenteil mit einem „kleinen" Konden-

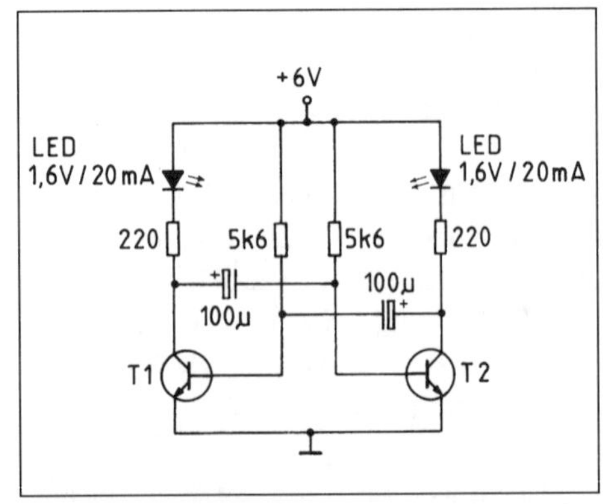

Abb. 3.32 Ein Multivibrator als Blinklichtschaltung, deren Frequenz etwa den Warnlichtern am Eisenbahnübergang entspricht; *T1, T2, D1* und *D2* sind dieselben wie im vorhergehenden Schaltplan 3.31.

sator noch mehr hervorheben (wodurch der Klang *„F2“* noch schärfer wird).

Wenn ein solcher Multivibrator so ausgelegt wird, dass seine Schwingungen eine sehr niedrige Frequenz haben, so lässt er sich nach *Abb. 3.32* als Blinker anwenden. Davon kann z.B. bei einer Modelleisenbahn oder bei anderen experimentellen Schaltungen Gebrauch gemacht werden. Für etwas aufwendigere Werbe-, Warn- oder Festbeleuchtungszwecke können anstelle von einer LED auch mehrere LEDs seriell-parallel verschaltet werden (manche preiswerte „Restposten-LEDs“ müssen evtl. auf gleiche Lichtintensität vorselektiert werden).

Auch der in Abb. 3.30 aufgeführte *Doppel-T-Oszillator* lässt sich noch anderweitig nutzen: Wenn sein Einstellregler genau auf den Punkt zurückgedreht wird, an dem das Oszillieren aufhört, genügt ein sehr winziger Spannungsimpuls um einen sehr naturgetreuen „Trommelklang“ auszulösen. Von der Form des Spannungsimpulses hängt die Qualität des „Trommelschlags“ ab. Deshalb werden in *Abb. 3.33* für die Impulsaufbereitung noch einige zusätzliche Komponente benötigt. Wenn dann die *Taste* angetippt wird, erklingt ein sehr naturgetreuer Tom-Tom-Klang.

Ähnlich wie bereits in Zusammenhang mit der Schiffsirene erklärt wurde, kann auch hier die Tonhöhe der Trommel beliebig verändert werden. Wenn hier die Kapazität der Kondensatoren *C1, C2* und *C3* halbiert wird, ändert sich die Tom-Tom-Trommel in eine „kleinere“ Bongo-Trommel. Bei noch kleineren Kapazitäten erhält man den Ton einer Clave usw.

Mit zwei bis vier solcher „Einzeltrommeln“ lässt sich z.B. eine Urwald-Tom-Tom-Batterie oder eine Bongo-Batterie erstellen, die man mit einzelnen Tastern wie einen Taschenrechner „bespielen“ kann. Für eine gute Klangqualität sind hier natürlich der Verstärker und seine Lautsprecherbox bestimmend.

Wenn Sie beim Nachbau einen anderen NPN-Transistor einsetzen möchten, als in unserem

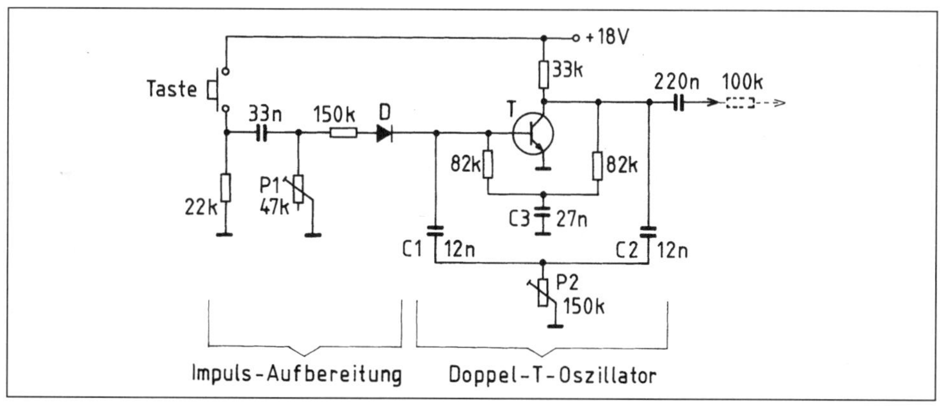

Abb. 3.33 Nachbauleichter Schaltplan einer elektronischen Tom-Tom-Trommel; als Transistor T kann u.a. der *BC 170 C, BC 547 C* oder *BC 108 C* eingesetzt werden.

Schaltbeispiel aufgeführt ist, vergewissern Sie sich bitte vorher, ob die Belegung seiner Füßchen (Kollektor-Basis-Emitter) typenbezogen nicht anders verläuft. Manche Transistoren haben z.B. die Basis nicht am mittleren, sondern am rechten Füßchen usw.

Fototransistoren und Fotodioden

Fototransistoren und Fotodioden werden als *Fotohalbleiter* bezeichnet und haben in bezug auf ihre Anwendungsmöglichkeiten viel Ähnlichkeit mit den bereits angesprochenen Fotowiderständen (Fotowiderstände sind jedoch polaritätsunabhängig, was für Fototransistoren oder Fotodioden verständlicherweise nicht zutrifft). Abb. 3.34 zeigt die Schaltzeichen dieser *Fotohalbleiter*.

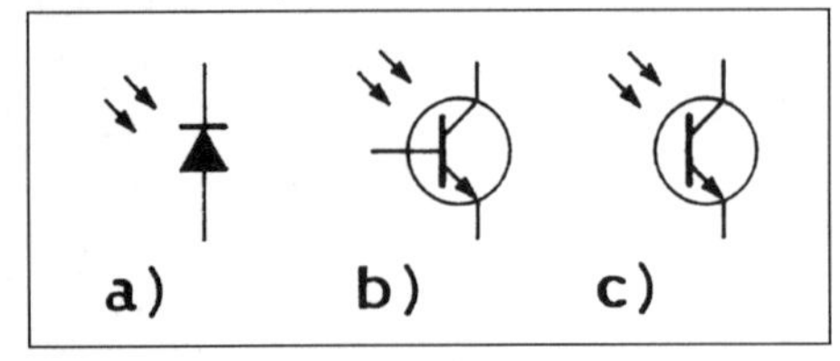

Abb. 3.34 a) Schaltzeichen einer *Fotodiode*; b) Schaltzeichen eines *Fototransistors* mit herausgeführtem Basisanschluss; c) Schaltzeichen eines *Fototransitors* ohne einen Basisanschluss.

Fotodioden eignen sich bevorzugt für optische Übertragung von sehr hohen Frequenzen, Fototransistoren sind in der Hinsicht etwas träger, aber wiederum wesentlich empfindlicher. Beide dieser Fotohalbleiter werden auch in *Lichtschranken* und *Optokopplern* verwendet.

Die interessanteste Anwendung einer Lichtschranke kennen wir bereits aus vielen Krimis. Es kann sich dabei um einen einzigen Schutzstrahl (meist um einen unsichtbaren Infrarotstrahl) handeln, der nicht unbedingt nur einen Banktresor, sondern auch z.B. den Zugang zum eigenen Wohnhaus schützt. Mit Hilfe von Spiegeln kann so ein Strahl sogar zu einem ganzen Schutznetz ausgebaut werden usw.

Vorerst begnügen wir uns mit einer allgemeinen Vorinformation über die Prinzipfunktion dieser Fotohalbleiter. Zwei Prinzipschaltungen gehen aus den Abbildungen 3.35 und 3.36 hervor.

Der Fototransistor in *Abb. 3.35* funktioniert ähnlich wie ein Fotowiderstand: Wenn er nicht beleuchtet ist, lässt er von seinem Kollektor zu seinem Emitter keinen Strom durch, das Relais ist somit in „Ruhestand“ und die ganze Schaltung stellt sich tot. Wird der Fotowiderstand beleuchtet, öffnet er sich, lässt durch das angeschlossene Relais Strom durch, und das Relais schaltet seinen Kontakt ein (bzw. um). Was danach passiert, hängt weiterhin davon ab, was der Relaiskontakt einschaltet: Alarmbeleuchtung, Sirenen usw.

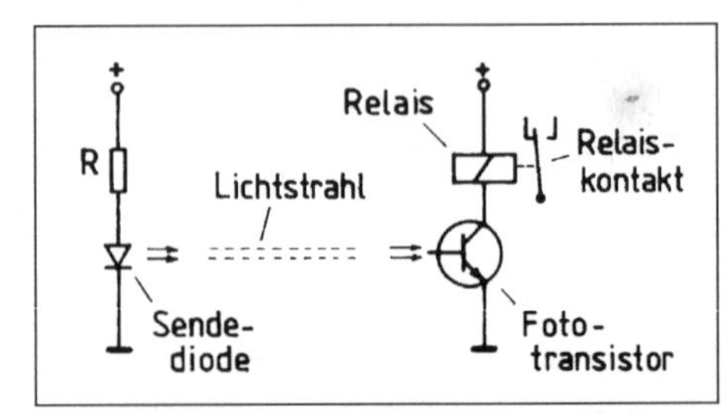

Abb. 3.35 Prinzipschaltung eines Fototransistors, der als Lichtschrankenempfänger ein Relais schaltet bzw. umschaltet.

Bemerkung: Mit dem Thema „Relais" befasst sich detaillierter Kapitel 8.

Der schützende Lichtstrahl wird üblicherweise mit einer infraroten Leuchtdiode erzeugt. Bei „eleganteren" Anlagen wird der Lichtstrahl der Leuchtdiode mit einer Linse gebündelt – somit wird die Reichweite erhöht. Zudem wird oft der Fototransistor mit einem Tageslichtfilter gegen den natürlichen Lichteinfall geschützt (soweit es sich nicht um eine Anlage handelt, die nur nach der Dämmerung oder in einem dunklen Raum betrieben werden soll).

Es wäre noch darauf hinzuweisen, dass manche Fototransistoren nur über zwei Füßchen verfügen. Hier handelt es sich um keinen Ausschuss, sondern um Fototransistoren, die für den Betrieb ohne Basisanschluss vorgesehen sind – was ja auch in unserem Schaltbeispiel der Fall ist. Es gibt aber auch Fototransistoren bzw. Schaltungen, die wohl von der Basis Gebrauch machen (es stabilisiert die Arbeitsweise besser).

Ähnlich, wie der Fototransistor funktioniert auch eine Fotodiode. Wie aus der Prinzipschaltung in *Abb. 3.36* hervorgeht, ist die *Kathode* der Fotodiode an die Plusspannung angeschlossen (sie kann auf diese Weise ebenfalls ein Relais schalten).

Viele Lichtschranken arbeiten mit einem kodierten Lichtstrahl, was sie für Tageslicht unempfindlich macht. Sie sind in großer Auswahl auch als Bausätze erhältlich.

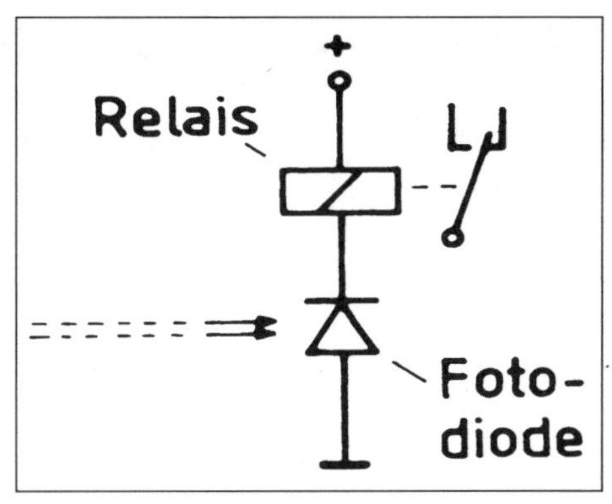

Abb. 3.36 Prinzipschaltung einer Fotodiode: sie kann auch als Empfänger in einer Lichtschranke eingesetzt werden und z.B. ein Relais schalten. Als „Sender" kommt hier ebenfalls eine Sendediode zum Einsatz – wie in dem vorhergehenden Schaltbeispiel.

Infrarot-Fernbedienungen arbeiten auf eine ähnliche Weise, wie die beschriebenen Lichtschranken. Der Empfänger (Fototransistor oder Fotodiode) bedient aber nur selten direkt ein Relais, sondern steuert erst einen Verstärker an, der dann beliebige weitere Funktionen in die Wege leitet.

Fotohalbleiter – und vor allem die „schnellen" Fotodioden – werden zunehmend für drahtlose Übertragung von Audiosignalen (von der HiFi-Anlage zu einem IR-Kopfhörer bzw. zu Lautsprecherboxen) oder zu kabellosen Verbindungen zwischen einem PC und seiner Randapparatur verwendet.

Für den Selbstbau bietet sich hier eine enorme Spielfläche an und man kann hier auch verschiedene Fertigbausteine mit Bausätzen oder zusätzlichen einfacheren Eigenbauschaltungen kombinieren.

Integrierte Schaltungen

Eine integrierte Schaltung (Abkürzung IC – für *„integrated circuits"*) ist vom Grundprinzip her nichts anderes, als viele winzige Transistoren, Dioden und andere Komponenten, die auf einem gemeinsamen Siliziumchip eingeätzt sind. Danach wird so ein Chip mit Anschlüssen (Füßchen) und einem Kunststoffkörper versehen, der meistens nach *Abb. 3.37a* oder *3.37b* ausgeführt wird – wobei jedoch die Zahl der Anschlüsse (Füßchen) von den hier gezeichneten ICs beliebig abweichen kann.

Nicht jedes IC hat jedoch diese „dual in line" (zwei Reihen von Füßchen)-Ausführung. Wir haben ja bereits im 2. Kapitel (Abbildungen 2.2 und 2.3) mit einfachen „Melodien-ICs" Bekanntschaft gemacht, die nur wie ein Transistor ausgesehen haben. Ferner kommen zunehmend diverse Verstärker-ICs auf den Markt, die nach Abb. 3.37b wie ein Leistungstransistor mit sehr vielen Füßchen ausgeführt sind und als *„SIL-ICs"* (single in line = Füßchen in einer Reihe) bezeichnet werden.

Wenn es z.B. in einem Katalog oder in einem Schaltplan heißt, dass ein 14-DIL-IC angewendet wird, handelt es sich um die Ausführung nach Abb. 3.37a. So ein IC kann typenabhängig z.B. auch acht bzw. 28 Füßchen haben; dann wird es als *„8-DIL-IC"* bzw. als *„28-DIL-IC"* bezeichnet. Dasselbe gilt von dem „SIL-IC" in Abb. 3.37b (Ausnahme: bei *„nur"* fünf Füßchen werden diese ICs als *„PENTA WATT"* bezeichnet).

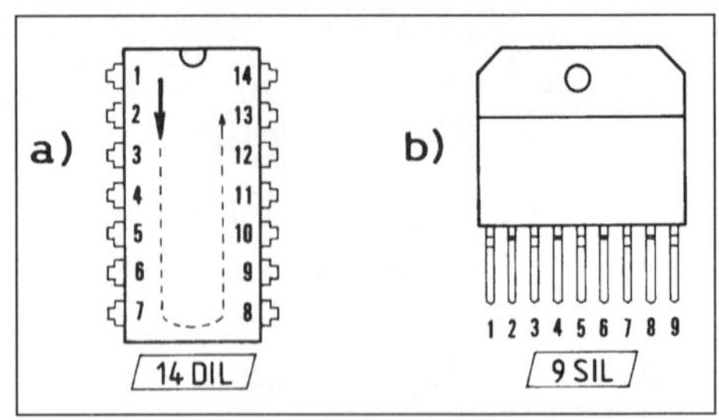

Abb. 3.37 Die Nummerierung der IC-Füßchen fängt (in Vorderansicht) immer links an: a) bei länglichen „dual in line" ICs fängt sie immer links oben an und verläuft danach gegen den Uhrzeigersinn um das IC bis nach rechts oben herum (wie gestrichelt angedeutet ist; b) bei derartigen „stehenden" ICs verläuft die Nummerierung – ohne Rücksicht darauf, wie die Füßchen ausgebogen sind – einfach von links nach rechts; Ausnahmen kommen schlimmstenfalls bei Spannungsreglern mit 3 Füßchen vor (als eine Reihenfolge von z.B. *1 – 3 – 2*).

Das „DIL" ist also eine Abkürzung von „dual in line", das „SIL" von „single in line". Außerdem gibt es besonders unter den Sound-ICs auch solche, die nur wie ein zertretener Käfer aussehen. In den gängigen Schaltbeispielen werden dennoch überwiegend nur die vorhin abgebildeten „DIL"- oder „SIL"-ICs verwendet, bei denen man automatisch damit rechnen kann, dass die Nummerierung *grundsätzlich* immer in der in Abb. 3.37 eingezeichneten Richtung verläuft. Am Kapitelende kommen wir noch darauf zurück, wie diverse ICs mit Hilfe von Schaltzeichen zeichnerisch dargestellt werden.

Manche der handelsüblichen ICs sind aufwändig konzipiert und nur für sehr spezielle Anwendungen vorgesehen, andere sind wiederum sehr „anwenderfreundlich" und auch für Anfänger geeignet. Zu den letzteren ge-

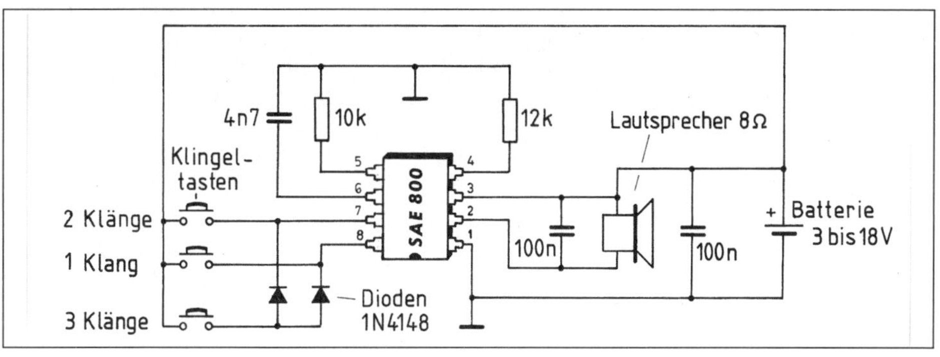

Abb. 3.38 Das Dreiklang-Gong-IC *„SAE 800“* wurde speziell für einen elektronischen Türgong entwickelt und erzeugt wahlweise einen Ein-, Zwei- oder Dreiklang-Gong. Der Stand-by-Stromverbrauch beträgt bei diesem IC nur 1 μA (= ein Millionstel Ampere). Den darf man quasi als „nicht existent“ einstufen.

hört auch das Türklingel-IC *Type SAE 800 (Abb. 3.38)*. Es erzeugt wahlweise einen Ein-, Zwei- oder Dreiklang-Gong.

Die Klang-ICs der Reihe *„HT-2813“* produzieren z.B. Tierstimmen (aber nur eine Stimme pro IC). Ein zusätzlicher Buchstabe bei der Typenbezeichnung weist auf die Art der Stimme hin. So bellt das IC *„HT-2813H“* wie ein kleiner Hund. Man kann es z.B. als eine elektronische Türglocke oder als einen anderen Gag verwenden. Wenn man mit einer bescheidenen Wiedergabelautstärke Genügen nimmt, kann anstelle eines Lautsprechers nur ein kleiner Piezoschallwandler *(Buzzer)* verwendet werden – wie aus der Schaltung in *Abb. 3.39* hervorgeht (siehe hierzu auch den Text zu Abb. 2.3 im 2. Kapitel).

Manche dieser Klang-ICs – die meistens als *„Sound-Generatoren“* gehandelt werden – produzieren wahlweise mehrere Melodien, Klänge, Geräusche, Tierstimmen usw. So erzeugt z.B. das IC *HT 2844 T (Abb. 3.40)* vier verschiedene Alarmtöne, sein „Brüderchen“ *Type HT 2844 C* kann vier verschiedene Tierstimmen imitieren, die Type *HT 2844* M liefert auf Tastendruck Propellerkrach, Maschinengewehrsalven und eine Explosion. Diese Type fällt unter die „Schwiegermutter-Begrüßungs-Soundgeneratoren“, eignet sich aber auch als Partygag, Türglocke oder Alarmgeber.

Wer eine lautere Klangwiedergabe haben möchte, der kann das IC nach *Abb. 3.41* über einen zusätzlichen Transistor an einen „echten“ (dynamischen) Lautsprecher anschließen. Wer eine noch bessere (oder kräftigere) Klangwiedergabe haben möchte, der kann den IC-Ausgang (Nr. 5) über einen Kondensator von ca. 100 bis 470 nF an einen beliebigen Verstärker anschließen. Sehr gut würde sich zu diesem Zweck z.B. der moderne vollintegrierte Miniverstärker *TDA 7052* eignen, dessen einfacher Schaltplan in *Abb. 3.42* aufgeführt ist. Der Verstärker hat eine sehr gute Wiedergabequalität und kann vielseitig angewendet werden.

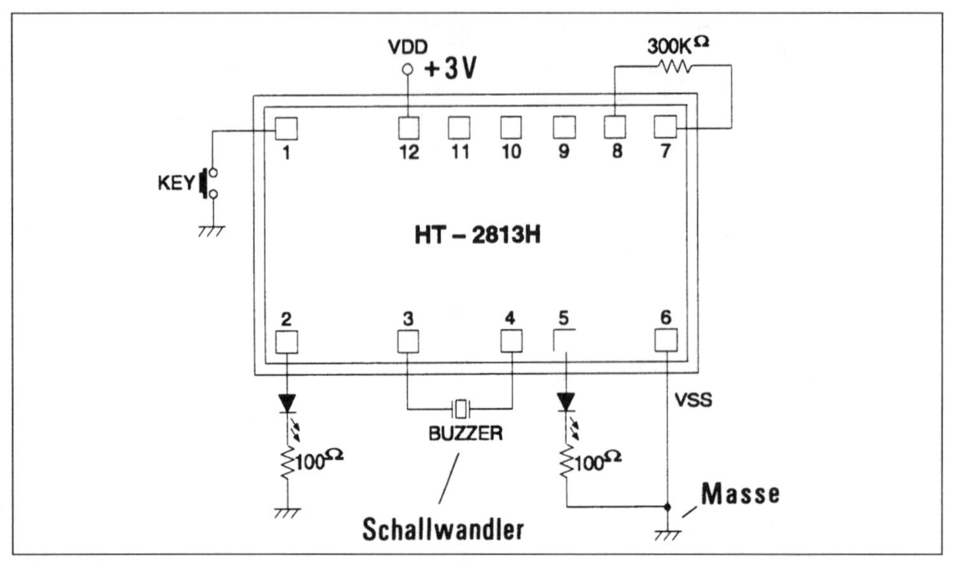

Abb. 3.39 Hersteller-Schaltplan des ICs Type *HT-2813 H (in Flachform-Ausführung)*: Das IC arbeitet mit einer 3-V-Speisespannung und man kann an seine Ausgänge *Nr. 2 und 5* noch zusätzliche LEDs anschließen (Anbieter: Conrad Electronic).

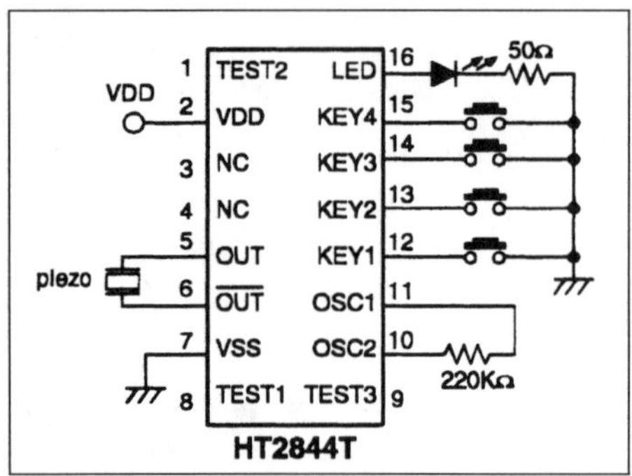

Abb. 3.40 Hersteller-Schaltplan des ICs *HT 2844 T;* bei Betätigung einer der 4 Tasten *(KEY 1 bis KEY 4)* erklingt jeweils ein anderer „Sound“ (in diesem Fall ein Sirenenklang); Die Speisespannung *(VDD)* beträgt hier ebenfalls 3 V. Die Füßchen, an denen hier nichts angeschlossen ist, kann man einfach ignorieren; Als Piezoschallwandler (im Schaltplan nur als *„piezo“* aufgeführt) kann jeder beliebige Piezo-Schallwandler verwendet werden – evtl. auch aus einer „ausgespielten“ Glückwunschkarte (Datenblatt Conrad Electronic).

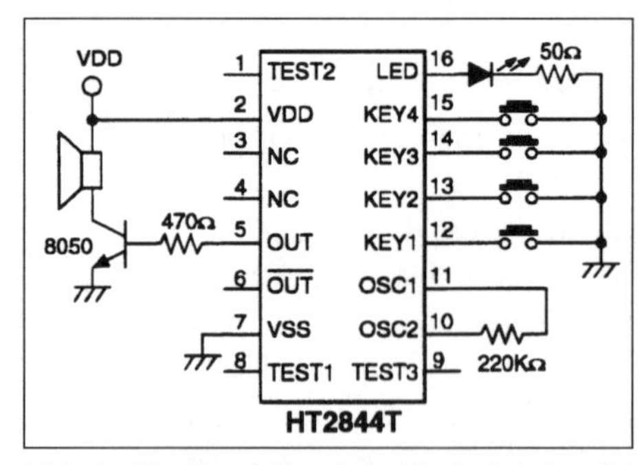

Abb. 3.41 Hersteller-Schaltbeispiel des ICs *HT-2844 T* mit einem zusätzlichen Transistor *Type 8050;* an dessen Stelle kann z.B. der *„BC 337“ angewendet werden;* Lautsprecher 8 W (Datenblatt Conrad Electronic).

Soweit dieser Verstärker nicht „portabel“ arbeiten soll, ist anstelle der Batterie ein Netzteil vorteilhaft. Das in *Abb. 3.43* aufgeführte Eigenbaunetzteil wurde speziell für die Spannungsversorgung eines beliebigen 3-Volt-

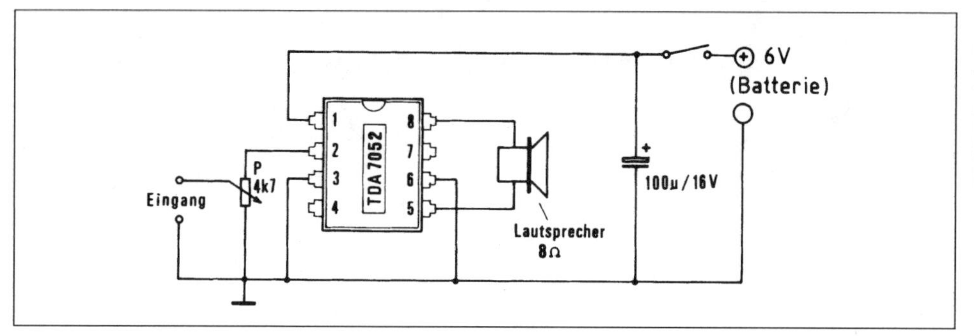

Abb. 3.42 Schaltplan eines nachbauleichten 1-Watt-Verstärkers mit dem IC *TDA 7052*

Sound-Generators, wie auch des 6-Volt-Verstärkers mit dem IC *TDA 7052* entworfen.

Da fast alle Sound-Generatoren dieser Art für eine Speisespannung von 3 Volt ausgelegt sind, kann anstelle des rein informativ eingezeichneten Sound-ICs *Type HT 28...* jedes beliebige andere klangerzeugende 3-Volt-IC eingesetzt werden. Wichtig ist nur, dass so ein IC richtig angeschlossen wird. Auch bei anscheinend „baugleichen" ICs, die z.B. zu der Typenreihe *„HT 28"* gehören, sind die „Füßchen" unterschiedlich belegt.

Damit soll darauf hingewiesen werden, dass z.B. der „Tonausgang" nicht am Füßchen *Nr. 9* sein muss (wie in unserem Schaltbeispiel eingezeichnet wurde) sondern typenbezogen sich z.B. am Füßchen *Nr. 3* oder *Nr. 5* befinden kann. Fordern Sie bitte daher bei einem „unbekannten" IC vom Lieferanten das Datenblatt an.

Nun aber zurück zu unserem Netzteil: Der Transformator *(Trafo)* ist unter dem Motto „mit fünf Mark sind Sie dabei" als Standard-Bauteil erhältlich. Der kleine *Brückengleichrichter* ist in der gezeichneten runden Form erhältlich, und die Anschlüsse sind auf seinem Gehäuse – wie hier abgebildet – aufgedruckt. Der Spannungsregler ist hier so gezeichnet, wie er „in echt" aussieht und auch die Reihenfolge seiner „Füßchen-Anschlüsse" stimmt (in der Vorderansicht) optisch mit dem Baustein überein. Hier kann also beim Nachbau nichts schiefgehen (abgesehen davon widmet sich Kap. 5 den Netzteilen und Spannungsreglern noch detaillierter).

Die Funktion der Zenerdioden wurde bereits auf den vorhergehenden Seiten erklärt. Es dürfte daher einleuchtend sein, was bei diesem Eigenbau-Netzteil die Zenerdiode *ZPD 3,0 V* zu suchen hat: An ihr entsteht ein „Spannungsverlust" von genau 3 V, und für das Sound-IC (*HT-28... oder eine andere Type)* bleiben somit – von der 6-V-Speisespannung – nur noch die benötigten 3 V übrig. Der 47-µ-Elko, der hier zwischen das IC-Füßchen *Nr. 2* und die *Masse* angeschlossen ist, hat die Funktion eines „Entstörungs-Kondensators". Von dem *„Tonausgang" (hier Füßchen Nr. 9)* des Sound-ICs *(HT 28...)* geht das „Signal" über den Kondensator Cs an den Eingangspotentiometer *(4k7)* des Verstärker-ICs *TDA 7052.* Mit diesem Eingangspotentiometer

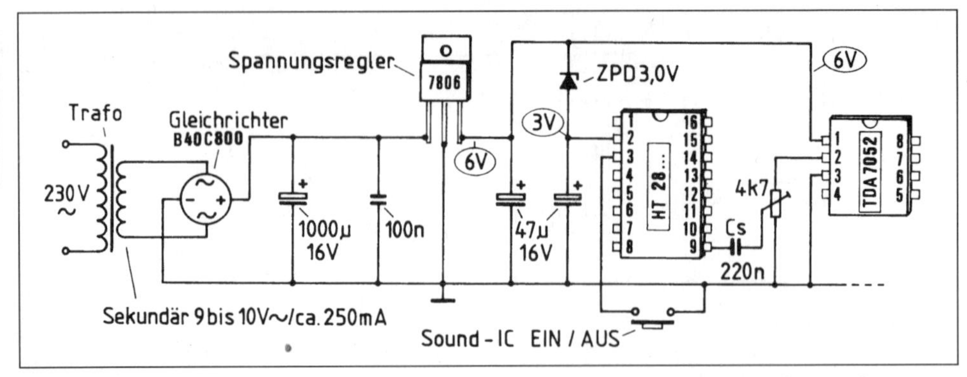

Abb. 3.43 Schaltplan eines Eigenbau-Netzteiles für einen beliebigen 3-V-Sound-Generator und den vorher abgebildeten 1-Watt-Verstärker.

(Einstellpotentiometer) wird die gewünschte Lautstärke eingestellt. Die Kapazität des Kondensators Cs ist für die Klangfarbe mitbestimmend und kann wahlweise verkleinert oder vergrößert werden.

Dieses Netzteil kann natürlich auch nur für den 1-Watt-Verstärker (ohne ein Sound-IC) gebaut werden. In dem Fall entfällt die Zenerdiode und der an sie angeschlossene 47-µ-Elko. Es geht natürlich auch umgekehrt: Wenn so ein Sound-IC mit einem leistungsfähigeren Verstärker kombiniert werden soll, der z.B. eine höhere Speisespannung benötigt, müssen die Sekundärspannung am Trafo, der Spannungsregler und die Zenerdiode entsprechend angepasst werden. Die *Zenerspannung* der Zenerdiode muss in dem Fall so hoch gewählt werden, dass das Sound-IC nur eine Speisespannung erhält, die es auch verkraftet (der Spannungsbereich liegt bei den meisten Sound-Generatoren zwischen 2,4 und 3,3 V).

Da Sound-Generatoren zu den beliebten Eigenbaukomponenten gehören, stellen wir Ihnen in *Abb. 3.44* noch ein *„8-Melodien-IC"* vor, das mit verschiedenen Melodien belegt ist. Jede der Tasten *„Key 1 bis Key 8"* startet eine andere Melodie.

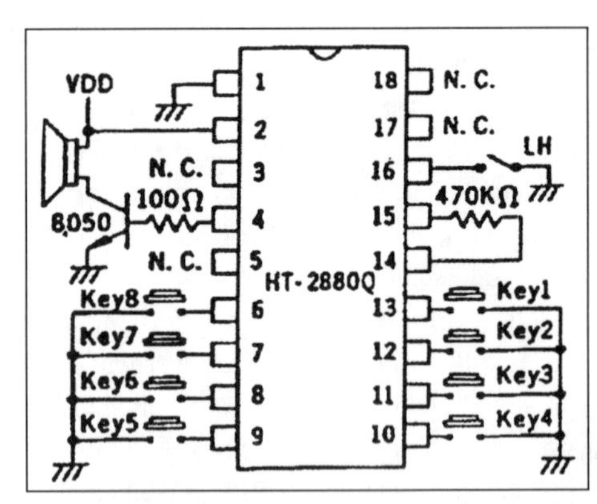

Abb. 3.44 Hersteller-Schaltbeispiel des *Sound-Generators HT 2880 Q: VDD = 3 V* (offiziell 2,4 bis 3,3 V); anstelle des Transistors 8050 (am Füßchen Nr. 4) kann auch hier der Transistor *BC 337* – oder der Miniverstärker *TDA 7052* – angewendet werden; andernfalls wird ein Piezo-Schallwandler direkt an die IC-Füßchen *Nr. 4 und 5* angeschlossen. *LH* = Ein/Aus-Schalter; *„NC" bedeutet (bei allen ICs) „Kein Anschluss"* (Datenblatt Conrad Electronic).

Bei den meisten Sound-Generatoren ist der letzte Buchstabe der Typenbezeichnung für den Soundinhalt bestimmend. So enthält z.B. das IC Type *HT-2880 D* sowohl einige Kampfgeräusche (Maschinengewehrsalven, Bombenexplosionen), als auch einige Melodien, das *„HT-2880 J“* beinhaltet nur Melodien (wie *London Bridge, Happy Birthday, Oh, My Darling* usw.).

Der Elektronikhandel (und Versandhandel) führt auf diesem Gebiet viele kleine preiswerte Bausätze oder betriebsfertige „Module“, an die sogar die Bedienungstaster bereits angelötet sind.

Der vorhin aufgeführte 1-Watt-Verstärker eignet sich zwar hervorragend für bescheidenere Anwendungen, aber es gibt auch eine große Auswahl an modernen Verstärker-ICs, die wesentlich höhere Leistungen bewältigen – wie z.B. das IC Type *LM 4700* in *Abb. 3.45.*

Obwohl dieses IC sehr viele Füßchen hat, werden nur 6 davon angeschlossen – und man hat einen hervorragenden Verstärker mit einem Klirrfaktor von nur 0,01%, der zudem lautlos ein- und abschaltet.

Die bisher aufgeführten ICs waren ziemlich „zweckorientiert“ ausgelegt. Es gibt aber auch ICs, die sich vielseitig als „Hilfsarbeiter“ in elektronischen Schaltungen verwenden lassen. Zu ihnen gehört beispielsweise das *„NE 555“.* Es wurde zwar ursprünglich als ein Präzisionszeitgeber (Timer) entwickelt, aber in der Praxis stellte sich dann heraus, dass man es wesentlich vielseitiger nutzen kann.

In der Funktion eines „echten Timers“ kann man dieses IC nach *Abb. 3.46* zum Schalten von verschiedensten Verbrauchern – wie Elektropumpen, Alarmsirenen, Alarmbeleuchtung oder auch diversen Automaten

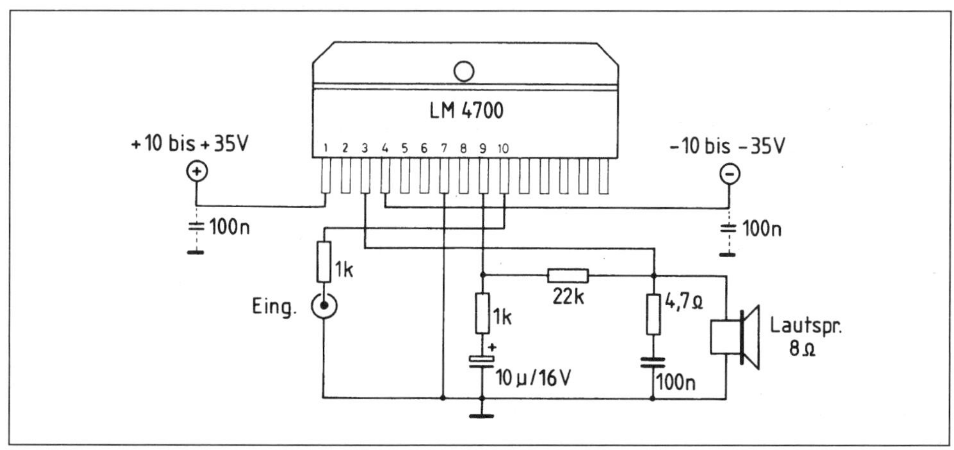

Abb. 3.45 Nachbauleichte Schaltung eines integrierten 30 W-Gitarren- oder Mikrofonverstärkers mit dem IC *LM 4700.* Das zugehörige Netzteil ist auf S. 68 in Abb. 5.5 aufgeführt *(Anbieter: Conrad Electronic).*

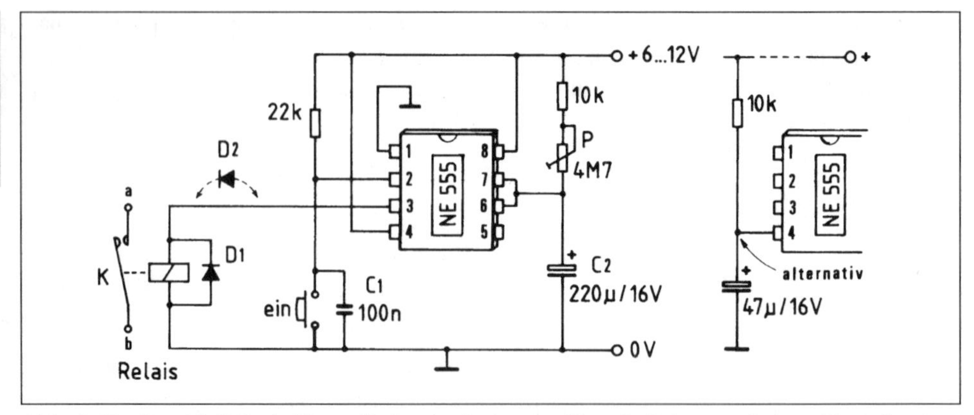

Abb. 3.46 Das IC 555 als Timer (Zeitgeber), dessen Einschaltdauer mit dem Einstellpotentiometer *P* (sowie auch durch Verkleinern bzw. Vergrößern des C2) eingestellt werden kann; *Rechts:* Wenn es unerwünscht ist, dass das IC beim Einschalten der Speisespannung nicht als „Timer" startet, wird der Anschluss des Füßchen *Nr. 4* – wie (als Alternative) rechts eingezeichnet – geändert; Dioden *D1, D2: 1 N 4001 bis 1 N 4004 (siehe hierzu Kap. 8).*

(Spielautomaten, Videoanlagen, Touristeninfos) verwenden, die z.B. durch Münzeinwurf für eine vorgegebene Zeitdauer eingeschaltet werden. Anstelle des Tasters *„ein"* kann ein beliebiger mechanischer oder elektronischer Kontakt eingesetzt werden.

Die Funktion dieser nachbauleichten Schaltung lässt sich leicht erklären: Der Potentiometer *P* und der Kondensator *C2* (an den Füßchen *Nr. 6 und 7*) bestimmen die Einschaltdauer des Timers. Die eingezeichneten Werte ermöglichen eine einstellbare Einschaltdauer von bis zu ca. 3/4 Stunde. Bei einer halben Kapazität des *C2* halbiert sich die Einschaltdauer, bei einer doppelten Kapazität des *C2* verdoppelt sie sich.

Das IC Type *NE 555* kann an seinem Füßchen *Nr. 3* einen Strom von höchstens 0,2 A schalten; In der CMOS-Version – mit der Typenbezeichnung *„ICM 7555"* verkraftet es nur einen Schaltstrom von max. 0,1 A. Es gibt genügend Relais', deren Spule (die hier mit einer Schutzdiode *D1* überbrückt ist) für einen wesentlich niedrigeren Schaltstrom ausgelegt ist. Mit den Relais-Schaltkontakt *K* (Anschlüsse *a* und *b*) kann dann ein beliebig großer „Verbraucher" geschaltet werden – soweit es die Belastbarkeit der Kontakte des Relais erlaubt (siehe auch Kap. 8).

Wenn die abgebildete Schaltung als „Alarmgeber" dienen soll, wird anstelle der *Start-Taste* ein Alarmkontakt (bzw. mehrere parallel arbeitende Alarmkontakte) angeschlossen. So ein elektronischer Alarm eignet sich u.a. hervorragend auch für die akustische Absicherung eines Autos. Als Alarmkontakte können kleine Mikro- oder Neigungsschalter unter die beiden vorderen Autositze so montiert werden, dass eine Sirene aufheult, sobald sich jemand ins Auto setzt (und mit seinem Körpergewicht einen der Schalter einschaltet).

Der „Hauptschalter" für die Stromzufuhr zum IC muss in dem Fall an einer geheimen Stelle so angebracht werden, dass ihn (nur) der Besitzer leicht und unauffällig durch die offene Autotür erreichen kann.

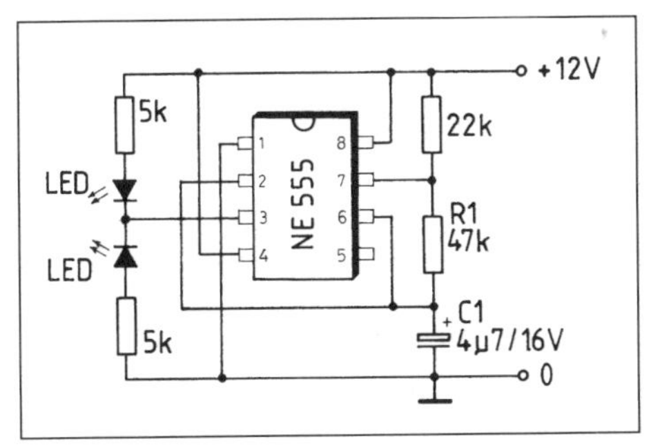

Abb. 3.47 Einfacher Blinker mit dem IC *NE 555; C1 und R1* sind für die Blinkfrequenz bestimmend (*R1* kann durch einen 100 k bis 470 k-Potentiometer ersetzt werden).

Manche kleineren Relais' neigen dazu, gelegentlich „kleben" zu bleiben. Als Abhilfe kann Diode *D2* – wie gestrichelt eingezeichnet – in Reihe mit dem Relais geschaltet werden.

Unter den handelsüblichen Alarmsirenen und Hupen gibt es auch viele, die bei einer 6- bis 12-V-Versorgungsspannung trotz großer Lautstärke nur einen Strom unterhalb von ca. 0,12 A (120 mA) abnehmen. In dem Fall kann bei der Anwendung des ICs *NE 555* das im Schaltplan eingezeichnete Relais (wie auch die Dioden D1/D2) wegfallen und an seine Stelle kann direkt eine solche vollelektronische Sirene angeschlossen werden.

Etwas „zweckentfremdet" kann das IC *„555"* als Blinker nach *Abb. 3.47* genutzt werden. In diesem Schaltplan wurden energiesparende *LOW-CURRENT-LEDs* verwendet, bei denen der Stromverbrauch zwischen 2 und 4 mA liegt. Anstelle dieser LEDs kann man ohne weiteres auch normale 20-mA-Standard-LEDs einlöten, aber dann müssen die zwei 5 k-Vorwiderstände durch zwei 390 Ω– bis 470 Ω (oder durch zwei 470 Ω-Einstellpotentiometer) ersetzt werden. Je nach dem Anwendungszweck können anstelle der zwei eingezeichneten LEDs auch mehrere LEDs in Reihe (oder in mehreren parallelen Reihen) verschaltet werden – wie es auch bei der LED-Hausnummer in *Abb. 3.50* getan wird.

Wichtig

Bei Anwendung von Einstellpotentiometern ist immer darauf zu achten, dass diese vor Inbetriebnahme auf ihren Maximumwert eingestellt sind. Später wird dann sehr langsam und vorsichtig der Widerstand des Einstellpotentiometers verringert, bis die an ihn angeschlossene LED hell leuchtet bzw. den vom Hersteller angegebenen Nennstrom abnimmt. Für derartiges Experimentieren lohnt sich allerdings die Anschaffung eines Multimeters. Mit seiner Hilfe kann man sich vergewissern, dass der typenbezogene zulässige max. Strom der verwendeten LEDs nicht überschritten wird (es darf sich dabei ohne weiteres nur um ein 20-DM-Messgerät handeln – siehe auch Kap. 7).

Abb. 3.48 zeigt eine weitere Anwendungsmöglichkeit des *NE 555,* diesmal als „lichtempfindlichen“ Timerschalter, der z.B. durch einen Lichtstrahl einer Autolichthupe oder eines „Laserpointers (Laseranzeigestift) fernbedient werden kann. Der Fotowiderstand sollte in einem dunklen „Minigehäuse“ – bevorzugt in ein kanonenlaufähnliches Röhrchen – eingebettet werden. Das Röhrchen wird dann in Richtung „Lichtsender“ ausgerichtet (wodurch der Einfluss von Fremdlicht verringert wird).

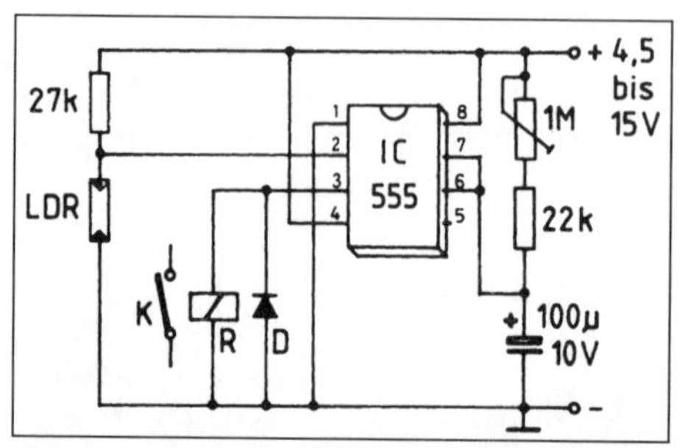

Abb. 3.48 Das IC „555“ als lichtempfindlicher Schalter, der auch hier ein Relais R betätigt, dessen Schaltkontakt K – ähnlich, wie in Abb. 3.46 – beliebige Leuchtkörper oder andere Verbraucher schaltet; als LDR kann irgendein Fotowiderstand (worunter z.B. der *A 9060*) angewendet und evtl. für eine optimale Einstellung mit einem zusätzlichen 470-kΩ-Einstellregler in Serie eingelötet werden; der rechts oben eingezeichnete *1-M-Einstellregler* dient zur Einstellung der gewünschten Einschaltdauer.

Der Fotowiderstand funktioniert hier ähnlich, wie die *„START-Taste“* in Abb. 3.46. Solange der Fotowiderstand unbeleuchtet ist, ist sein Ohmscher Widerstand hoch und das Füßchen *Nr. 2* ist über den *27 k-Widerstand* mit der positiven Spannung verbunden. Sobald der Fotowiderstand derartig stark beleuchtet wird, dass sein Ohmscher Wert unterhalb von 27 kΩ sinkt, schaltet das IC an sein *Füßchen Nr. 3* die positive Spannung durch und das Relais *R springt* an.

Eine weitere Anwendungsmöglichkeit des ICs NE 555 geht aus dem nachbauleichten Schaltbeispiel in *Abb. 3.49* hervor: Nur wenige Komponenten genügen, um auf diese Weise einen perfekten und preiswerten Dämmerungsschalter herzustellen. Der Fotowiderstand funktioniert prinzipiell ähnlich wie im vorhergehenden Schaltbeispiel. Hier ist das IC jedoch nicht als Timer verschaltet, sondern hält einfach solange eine Plusspannung am *Füßchen Nr. 3,* bis es wieder hell wird und bis dadurch der Widerstand des LDRs sinkt.

Bei welchen Lichtverhältnissen der Dämmerungsschalter ein- bzw. abschalten soll, lässt sich mit dem 47-k-Einstellregler einstellen.

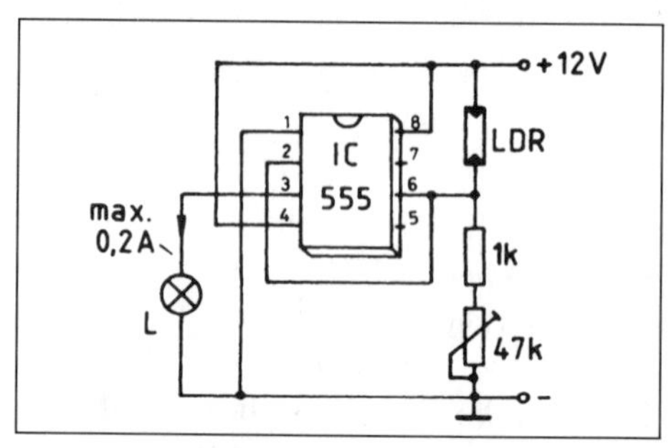

Abb. 3.49 Ein einfacher Dämmerungsschalter mit dem IC NE 555 und dem Fotowiderstand Type *A 9060.*

Das hier eingezeichnete Lämpchen *L* darf – wie bereits anderweitig angesprochen wurde – bei dem NE 555 eine Stromabnahme von 0,2 A nicht überschreiten. Darauf ist auch zu achten, wenn z.B. anstelle des einen Lämp-

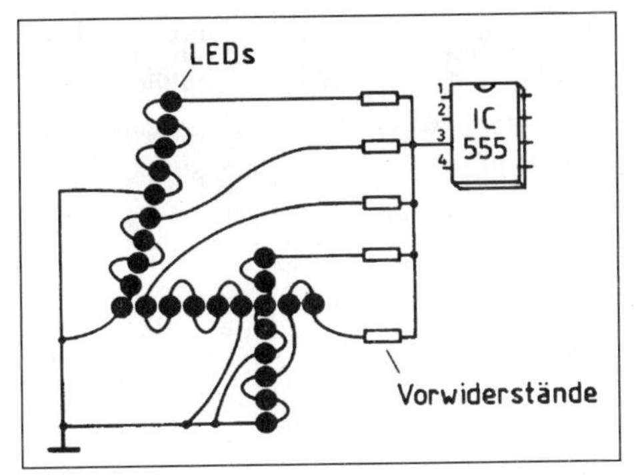

Abb. 3.50 Eine aus LEDs zusammengestellte Hausnummer, die anstelle des Lämpchens *L* an den NE 555 aus der vorhergehenden Schaltung angeschlossen werden kann.

chens gleich mehrere LED-Ketten nach *Abb. 3.50* angeschlossen werden, um eine nachts aufleuchtende Hausnummer zu erhalten. Die tatsächliche Strombelastung des IC-Schaltausgangs am Füßchen (Pin) Nr. 3 sollte dabei unterhalb von ca. 120 mA bis 150 mA bleiben. Sonst heizt sich das IC zu sehr auf – oder kocht sich kaputt. Dies gilt auch für den Fall, wenn anstelle des in *Abb. 3.49* eingezeichneten Lämpchens ein Relais verwendet wird, dass z.B. die Außenbeleuchtung schaltet.

Solange die Anzahl der LEDs keine höhere Stromabnahme als ca. 150 mA zufolge hat, können zu diesem Zweck die normalen 20-mA-Standard-LEDs verwendet werden. Abhängig davon, für welche Spannung diese LEDs ausgelegt sind, bzw. welche Speisespannung für das IC NE 555 zur Verfügung steht, werden sowohl die Werte der Vorwiderstände als auch die Anzahl der LEDs pro Kette ausgerechnet (in diesem Schaltbeispiel sind es jeweils 5 LED pro Kette). Wenn es bei einer aufwendigeren – oder aufwendiger gestalteten – Hausnummer mit der Stromabnahme zu kritisch wird, müssen LOW-Current-LEDs angewendet werden (oder man setzt ein zusätzliches Relais ein).

Wenn anstelle der LEDs ein Relais eingesetzt wird, kann so ein Eigenbaudämmerungsschalter nachts z.B. eine 230 V~Beleuchtung oder eine Alarmanlage automatisch einschalten.

Damit sind aber die Anwendungsmöglichkeiten dieses vielseitigen ICs noch lange nicht ausgeschöpft. Wir kommen nun nochmals auf die Lichtschranken zurück, die mit einem Infrarotstrahl (oder einem ganzen Netz aus solchen Strahlen) als „gehobener“ Diebstahlschutz arbeiten, und deren Funktion bereits in Abb. 3.35 (auf S. 39) erklärt wurde.

Unser Dämmerungsschalter aus Abb. 3.49 kann ohne Änderung der Schaltung ebenfalls als ein Infrarot-Empfänger arbeiten (für ihn spielt es keine Rolle ob er vom Tageslicht oder vom infraroten Licht beleuchtet wird). Wenn gegen seine lichtempfindliche Fläche ein Infrarotstrahl gerichtet wird, nimmt er dies einfach als „Licht“ auf. Wird der Strahl (durch einen Dieb) unterbrochen, schaltet das IC „um“.

Wenn man möchte, dass die Schaltung nach Abb. 3.49 beim Unterbrechen des Lichtstrahles „umgekehrt“ funktioniert (abschaltet, statt einschaltet), wird die Mini-Sirene oder das Relais zwischen das IC-Füßchen Nr. 3 und die 12 V-Plusspannung angeschlossen.

Wir haben bisher in den Schaltbeispielen die ICs immer bildlich dargestellt – was sich auch auf die Anordnung ihrer Füßchen bezieht. Das kann bei einfacheren Schaltungen den Nachbau erleichtern. Bei aufwendigeren ICs hat diese Zeichenart aber zufolge, dass sich zu viele Verbindungen unnötig durcheinander schlängeln und kreuzen. Da ist es besser, wenn anstelle der bildlichen Darstellung des ICs eines der „offiziellen“ Schaltzeichen angewendet wird, die in *Abb. 3.51* aufgeführt sind.

Die tatsächliche Reihenfolge der IC-Füßchen (der Anschlüsse), wie auch die tatsächliche Form des ICs wird bei dieser Zeichenweise ignoriert. Der Zeichner zeichnet das IC schlicht als ein Rechteck, Dreieck usw. und bringt jeden der Anschlüsse einfach dort an, wo es ihm am besten auskommt. Allerdings muss bei jedem der „Ausgänge“ immer die richtige IC-Füßchen-Nummer aufgeführt werden.

In einigen IC-Gehäusen befinden sich zwei oder mehrere selbstständige Schaltungen, die voneinander ganz unabhängig funktionieren (nur die Versorgungsspannung und die Masse ist gemeinsam). Diese Einheiten werden in Schaltplänen üblicherweise als selbstständige ICs eingezeichnet, wie *Abb. 3.51c* zeigt. Es kann in solchem Fall u.a. jedes der Schaltzeichen aus der *Abb. 3.51a bis d* verwendet werden, aber oft mit dem Hinweis darauf, dass es sich z.B. um 1/4 des ICs handelt.

Da – ohne Rücksicht auf die Form so eines Schaltzeichens – bei jedem IC immer die Typennummer aufgeführt ist, ist für den Nachbau einer Schaltung nicht wichtig zu wissen, zu welcher technologischen Kategorie so ein IC gehört. Daher muss man sich mit einer Aufklärung der IC-Arten aus Abb. 3.51d die Sache nicht unnötig komplizieren (was auch völlig aus dem Rahmen dieses Büchleins fallen würde).

Wichtiger dürfte der Hinweis darauf sein, dass insbesondere bei so manchen „Teil-ICs“ – wie in Abb. 3.51c – im Schaltplan nicht immer angegeben ist, an welches IC-Füßchen die Versorgungsspannung *(„VDD“)* und die Masse *(„VSS“)* angeschlossen werden müssen. Meistens ist dann irgendwo in einer Bauanleitung, am Ende eines Buches oder in einem „Datenblatt“ das IC „als Ganzes“ bildlich dargestellt und man findet da die Beschreibung der Anschlüsse – wie es z.B. bei dem IC 4066 (aus Abb. 3.51c) im Kapitel 8/Abb. 8.7 auf Seite 86 gehandhabt wird.

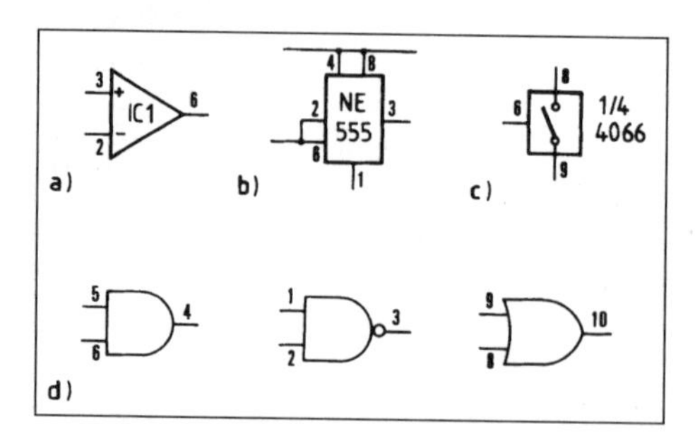

Abb. 3.51 verschiedene Zeichenarten der gängigsten ICs: a) Ein Verstärker-IC wird in der Regel als Dreieck dargestellt; b) die meisten der restlichen ICs werden als Rechteck gezeichnet; c) Das „eine Viertel“ des Schalt-ICs *4066* ist hier gleich als Schalter dargestellt (wird oft gemacht); d) einige Schaltzeichen der ICs, die aus der *„Digitaltechnik“* stammen.

Mikrofone, Tonabnehmer, Lautsprecher und Kopfhörer

Mikrofone wandeln akustische Luftschwingungen in elektrische Schwingungen um. Sie funktionieren eigentlich als kleine elektrische Wechselstromgeneratoren. *Abb. 4.1* zeigt das Funktionsprinzip eines dynamischen Mikrofons: Es handelt sich hier um eine ähnliche Funktionsweise wie wir sie bereits im 1. Kapitel (Abb. 1.2) bei dem elektrischen Wechselstrom-Generator kennengelernt haben. Der einzige Unterschied besteht darin, dass sich bei dem Generator der Dauermagnet bewegte und die Spule unbeweglich war. Hier ist es genau umgekehrt – was elektrisch aber die gleiche Wirkung hat.

Die Spule eines dynamischen Mikrofons liefert verständlicherweise nur eine winzige Spannung, die elektrisch verstärkt werden muss.

Ein Mikrofon funktioniert eigentlich als ein *Tonabnehmer*, der akustische Luftschwingungen in eine elektrische Spannung umwandelt, die denselben „Verlauf" hat wie die ihr zugeführten Klänge.

Es gibt aber auch die sehr verbreiteten *elektromagnetischen Tonabnehmer,* die vor allem als Gitarren- oder Bassgitarren-Tonabnehmer gebraucht werden. Im Gegensatz zu normalen Mikrofonen reagieren diese Tonabnehmer nicht auf Luftschwingungen, sondern nehmen direkt die Schwingungen der magnetisch leitenden Instrumenten-Saiten auf.

Die Funktionsweise eines solchen *elektromagnetischen Tonabnehmers* zeigt *Abb. 4.2:* An einem Magneten ist eine Spule angebracht, in der elektrische Spannung erzeugt wird, wenn die Gitarrensaite schwingt. Je lauter die Saite klingt, desto kräftiger schwingt sie. In diesem Rhythmus ändert sich ständig der Luftabstand L zwischen den Polen des Dauermagneten und der Saite. Dadurch verändert sich laufend (in der Frequenz des Saiten-Tones)

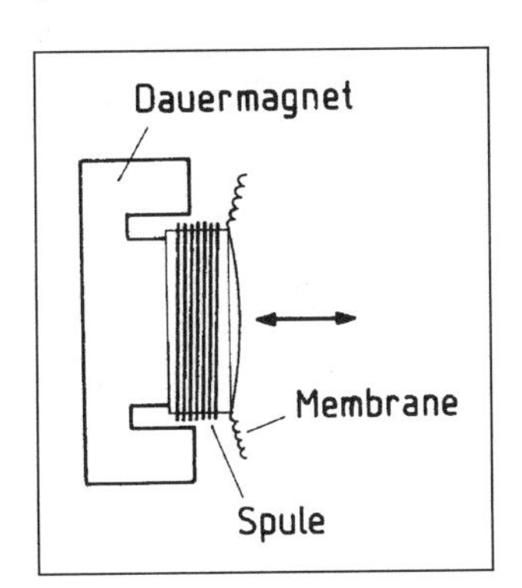

Abb. 4.1 Funktionsprinzip eines dynamischen Mikrofons: Die Mikrofonmembrane – und damit auch die an ihr befestigte Spule – schwingen in der Pfeilrichtung mit den vom Klang erzeugten Luftschwingungen mit. Das magnetische Feld, in dem die Spule im Rhythmus der Klangfrequenz schwingt, induziert in der Spule eine elektrische Spannung, deren Größe und Frequenz mit der Klangfrequenz übereinkommt.

die Intensität des magnetischen Flusses, der in einem Kreis vom Magneten-Nordpol zu seinem Südpol fließt – sowohl durch die Saite, wie auch durch die Spule. Dadurch entsteht in der Spule – ähnlich wie bei dem Generator in *Abb. 1.3* – eine Wechselspannung *(U)*, die einem Verstärker zugeführt wird. Die so erzeugte Spannung ist um so höher, je kleiner der Abstand *L* zwischen der Saite, je mehr die Saite ausschwingt und je höher die Tonfrequenz ist.

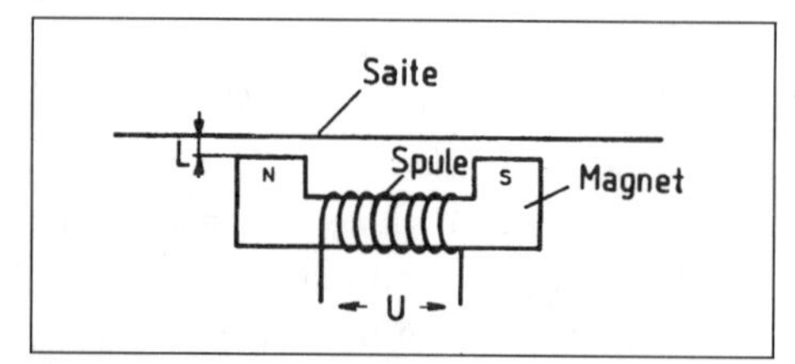

Abb. 4.2 Prinzip eines elektromagnetischen Gitarren-Tonabnehmers.

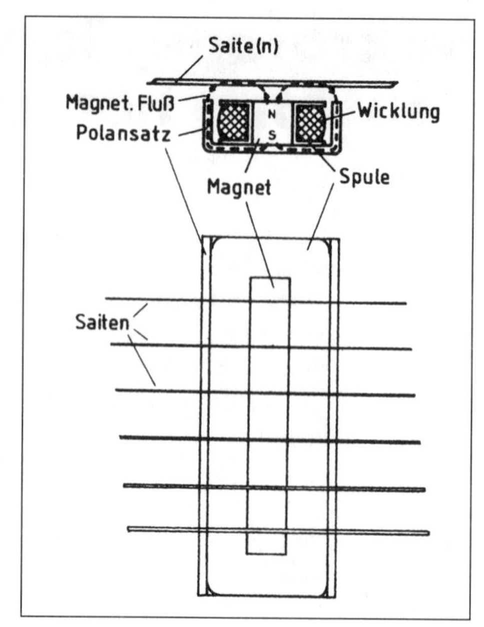

Abb. 4.3 Konstruktionsbeispiel eines handelsüblichen Gitarren-Tonabnehmers.

Ein konkretes Ausführungsbeispiel eines handelsüblichen Gitarren-Tonabnehmers zeigt *Abb. 4.3.* Hier schließt sich der magnetische Fluss über zwei Polansätze – was den Wirkungsgrad so eines Tonabnehmers erhöht. Einige Tonabnehmer sind noch mit zusätzlichen Stellschrauben versehen, mit denen sich der Abstand zwischen den einzelnen Saiten und dem Tonabnehmer einstellen lässt (um die Lautstärke einzelner Saiten besser ausgleichen zu können).

Die meisten E-Gitarren (und Bassgitarren) sind mit zwei Tonabnehmern ausgelegt. Der eine ist in der Nähe des Griffbrettes, der andere beim Steg montiert. Das hat folgende Gründe: Die Klangfarbe des Tones ist in der Nähe des Griffbrettes „warm", in der Nähe des Steges wiederum „metallisch scharf". Somit kann der Musiker z.B. mit zwei zusätzlichen Potentiometern – *P1 und P2* in *Abb. 4.4* – die gewünschte Klangfarbe einstellen. Mit dem dritten Potentiometer *P3* wird die Lautstärke des Instrumentes geregelt.

Ein Lautsprecher wandelt wiederum die ihm zugeführte elektrische Wechselspannung (als Klangkopie) in Luftschwingungen um. Die meisten Lautsprecher arbeiten mit demselben Konstruktionsprinzip wie die dynamischen Mikrofone. Der einzige Unterschied zu der Funktionsweise des Mikrofons liegt darin, dass hier die Spule nicht elektrische Energie liefert, sondern diese – im Gegenteil – vom Endverstärker erhält. Sie wird damit zu einem *Elektromagneten*, dessen magnetisches Feld sich im „Klangrhythmus" entweder an den Dauermagnet heranzieht oder sich von

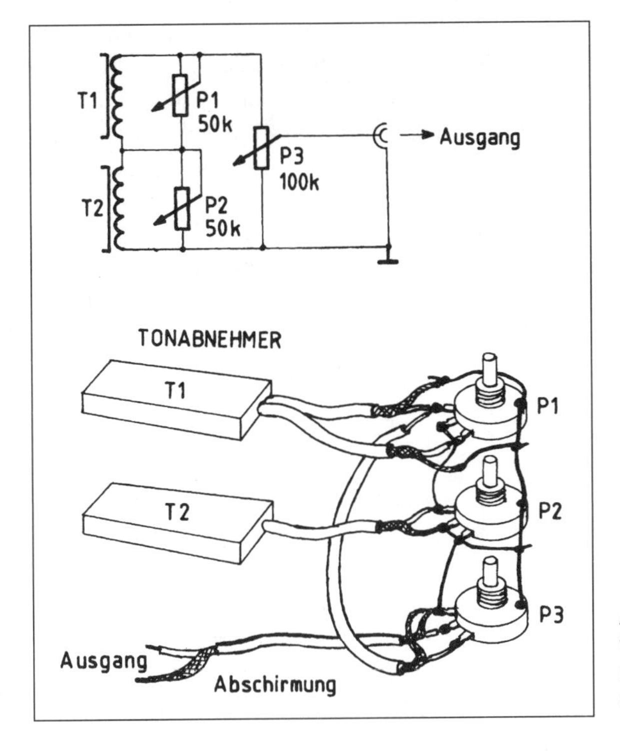

Abb. 4.4 Gängige Grundschaltung einer E-Gitarre mit 2 Tonabnehmern: oben mit Schaltzeichen, unten bildlich dargestellt.

ihm abstößt. Dadurch bewegt sich die Lautsprechermembran und bringt somit die Luft vor ihr zum Schwingen.

Auch die meisten Kopfhörer machen sich dasselbe Konstruktionsprinzip zunutze und unterscheiden sich von dynamischen Lautsprechern eigentlich nur in der Größe.

Ordnungshalber sollte darauf hingewiesen werden, dass es sowohl Mikrofone wie auch Lautsprecher und Kopfhörer gibt, deren Funktion auf völlig anderen Konstruktionsprinzipien basiert.

Besonders unter den Mikrofonen gibt es noch eine größere Auswahl an anderen Konstruktionen: Kondensatormikrofone, Kristallmikrofone usw. Manche dieser Mikrofone benötigen einen etwas speziell angepassten Vorverstärker bzw. einen entsprechenden „Mikrofoneingang“ des Verstärkers (viele Verstärker sind nur für einen Mikrofontyp – z.B. für das dynamische Mikrofon – ausgelegt).

Bei Lautsprechern ist es in der Hinsicht wesentlich einfacher: Die meisten sind als *dynamische*, ein kleinerer Teil (einige Hochtöner) sind als *Piezo-Lautsprecher* konzipiert – was vom Konstruktionsprinzip her eine Ähnlichkeit mit dem Kristallmikrofon hat. Das Piezo-System basiert darauf, dass ein geschliffener Kristall auf elektrische Stromimpulse mit mechanischen Schwingungen reagiert (bei einem Kristallmikrofon erzeugt wiederum ein mechanisch schwingender Kristall elektrische Spannungen).

Da Hochtöner ohnehin an den Verstärker(ausgang) normalerweise über einen Kondensator angeschlossen werden, braucht man sich in dem Fall nicht unbedingt über das Konstruktionsprinzip eines Piezo-Hochtonlautsprechers den Kopf zu zerbrechen.

Soweit man einen Lautsprecher für einfachere Anwendungen benötigt (Türgong, Spieldose, Kontrolllautsprecher), ist nur auf zwei seiner Parameter zu achten:

a) Impedanz (in Ω)
b) Maximale Belastbarkeit (in W)

Die *Impedanz* des Lautsprechers sollte nach Möglichkeit dem Schaltplan oder der Angabe am Verstärkerausgang gerecht werden. Andernfalls hat es einen negativen Einfluss auf die Ausgangsleistung oder auch auf die Qualität der Klangwiedergabe. Bei manchen Verstärker-ICs (bzw. Schaltplänen) wird angegeben, wie sich die Ausgangsleistung ändert, wenn z.B. anstelle eines 8-Ω-Lautsprechers ein 4-Ω-Lautsprecher angeschlossen wird. Wenn zwei baugleiche 4-Ω-Lautsprecher in Reihe geschaltet werden, verdoppelt sich die Impedanz auf 8 Ω. Wenn wiederum zwei baugleiche 8-Ω-Lautsprecher parallel (nebeneinander) geschaltet sind, ergibt es eine Impedanz von 4 Ω. Auf diese Weise kann man sich evtl. behelfen.

Die vom Hersteller angegebene *maximale Belastbarkeit* eines Lautsprechers sollte mindestens ca. 1/3 höher sein, als die Maximumleistung des Verstärkers. Eine Höchstgrenze gibt es hier praktisch nicht: An einen 5 W-Verstärker darf ohne Bedenken ein 20 W-Lautsprecher angeschlossen werden.

Der *Übertragungsbereich* eines Lautsprechers wird in der Form von z.B. *„80 bis 3 000 Hz“* angegeben. Das bedeutet, dass so ein Lautsprecher alle Klänge wiedergeben kann, deren Frequenz zwischen 80 Hz und 3 000 Hz liegt.

Der Mensch hört Frequenzen ab 16 Hz (= 16 Schwingungen pro Sekunde) bis zu max. 20 000 Hz (20 *kHz*). Die Obergrenze sinkt mit zunehmendem Alter oder bei zu sehr strapazierten Ohren oft auf bescheidene 8 000 Hz bzw. noch tiefer.

Für die meisten Verstärker und Lautsprecher liegt der „Problembereich“ bei der Wiedergabe der niedrigsten Frequenzen zwischen 16 Hz und ca. 200 Hz. Mit der Wiedergabe von Frequenzen zwischen ca. 500 Hz und 20 000 Hz gibt es dagegen keine Probleme – fast jeder „Breitband-Billiglautsprecher“ bzw. jede „Billigbox“ bewältigen es (wenn auch nicht unbedingt linear).

Mit anderen Worten: Es ist kein Qualitätsmerkmal, wenn der *Übertragungsbereich* (Frequenzbereich) einer Lautsprecherbox z.B. bis zu „stolzen“ 22 000 Hz hinaufreicht. Das ist im wahrsten Sinne des Wortes nur etwas „für die Katz“ (allerdings auch für den Hund, denn auch er hört Frequenzen bis weit über 30 000 Hz).

Dagegen fängt bei vielen Lautsprecherboxen (und bei TV-Lautsprechern) der *Übertragungsbereich* erst bei 40 Hz oder sogar bei 50 Hz an. Zudem fehlt oft die Angabe über die Linearität. Damit ist die Ausgewogenheit der Lautstärke gemeint. Es genügt ja nicht, dass eine Lautsprecherbox z.B. einen Frequenzbereich „ab 35 Hz“ wiedergeben kann. Wichtig ist ja, dass die *Wiedergabe-Lautstärke* der niedrigsten Frequenzen auch annähernd mit dem natürlichen Lautstärkeverhältnis übereinkommt. Wenn bei der Musikwiedergabe die tiefen Töne nur als ein „leises Alibi" vorhanden sind, verliert das Klangbild an „Wärme" und hört sich zu „synthetisch" (oder einfach zu scharf) an.

Vom Aspekt des Musikinstrumenten-Tonbereichs verfügen nur sehr große Kirchenorgeln, E-Orgeln und Synthesizer über die sogenannte *„Subkontra-Oktave"*, deren Tonfrequenzen zwischen 16,3 Hz und 30,9 Hz liegen. Der tiefste Ton eines Klaviers hat eine Frequenz von 27,5 Hz. Der tiefste Ton eines Kontrabasses oder einer Bassgitarre hat eine Frequenz von 41,2 Hz usw.

Es wäre jedoch ein Denkfehler, wenn man annehmen würde, dass eine gute Wiedergabe der tiefen Töne (der niedrigen Frequenzen) eigentlich nur für einen Musikliebhaber wichtig ist. Alle Töne und Klänge, mit denen wir in unseren „Lebensräumen" laufend konfrontiert werden, bestehen aus einer Mischung von Frequenzen, die sowohl die untere als auch die obere Grenze des Frequenzbereichs ausfüllen. Wenn dann durch eine unlineare elektrische Klangwiedergabe einige der Frequenzen (in diesem Fall der tiefsten Frequenzen) fehlen, verliert die „Klangfarbe" an Natürlichkeit. Es bietet sich hier der Vergleich mit einem alten Farbfilm an, in dem die Farben zu „verwaschen" wirken.

Herstellungstechnisch ist es sehr schwierig einen Lautsprecher zu bauen, der sowohl die tiefsten als auch die höchsten Frequenzen perfekt wiedergeben kann. So benötigt z.B. ein „Basslautsprecher" eine relativ große Membranenfläche, deren Massenträgheit zu groß ist, um bei sehr hohen Frequenzen gut mitschwingen zu können. Umgekehrt ist es wieder so, dass die Membrane eines Hochton-Lautsprechers eine möglichst kleine „Masse" haben muss – und das reicht wiederum für eine gute Wiedergabe der tiefen Töne nicht aus.

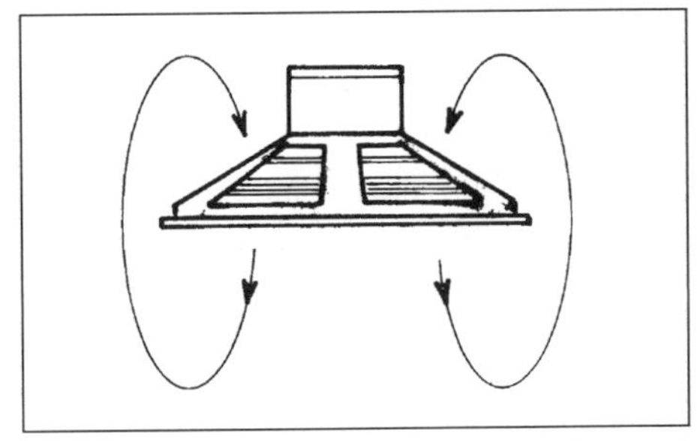

Abb. 4.5 Wenn zwischen der Vorder- und Hinterseite der Lautsprechermembrane kein Hindernis (keine Box oder „Mauer") ist, wird ein sehr großer Teil der Schallwellen von der Vorderseite der Membrane an ihre Rückseite (durch den Unterdruck) „zurückgesaugt".

Zudem hängt die Wiedergabe niedriger Frequenzen maßgeblich von der Lautsprecherbox ab. Wie aus *Abb. 4.5* hervorgeht, entsteht bei jeder Bewegung der Lautsprechermembrane nach vorne, ein Unterdruck an ihrer Rückseite – und umgekehrt. Je niedriger die Frequenz ist, einen desto größeren Teil der erzeugten Schallwellen „pumpt" die Membrane nur von vorne nach hinten, und die Luft vor dem Lautsprecher – in Richtung Zuhörer – kommt kaum in Bewegung.

Im Idealfall sollte zwischen der Vorder- und der Rückseite bei einem Tiefton- oder Mittelton-Lautsprecher eine „große Wand" oder

„etwas Ähnliches" stehen, um die Lautsprecher-Rückseite von seiner Vorderseite luftdicht zu isolieren. Aus diesem Grund werden Lautsprecher in Boxen untergebracht. Die Schwachstelle dieser Lösung liegt darin, dass die Luftschwingungen, die die Lautsprecherrückseite im Inneren der Box erzeugt, nicht optimal gedämpft werden können. Das Innere der Lautsprecherboxen wird zwar mit schallwellenabsorbierenden Dämmstoffen „austapeziert", aber eine Bremswirkung des kleinen dichten Raumes bleibt dennoch bestehen – und sie ist um so größer, je kleiner der „Literinhalt" der Box und je niedriger die Tonfrequenz ist.

Der Handel führt einige relativ gute *Breitbandlautsprecher*, die einen ziemlich breiten Frequenzbereich – von z.B. 60 bis 20 000 Hz zufriedenstellend bewältigen. Oft aber nur um den Preis, dass die tiefsten, wie auch die höchsten Frequenzen etwas schwächer wiedergegeben werden, womit z.B. nur der Tonbereich zwischen ca. 120 und 14 000 Hz dynamisch (lautstärkemäßig) ausgewogen ist.

Um eine dynamisch ausgewogenere Klangwiedergabe zu erzielen, wird daher bei HiFi-Boxen der bekannte „Trick" angewendet, dass sich mehrere Lautsprecher diese Aufgabe untereinander teilen. Die meisten Boxen werden als 2-Wege-, 3-Wege- oder sogar als 4-Wege-Boxen ausgelegt.

Eine einfachere Frequenzweiche lernten wir bereits im Kap. 3 kennen. Eine etwas „aufwendigere" Frequenzweiche nach *Abb. 4.6* funktioniert folgendermaßen: Bei der ersten „Schaltungs-Verzweigung", auf die links oben das eingekreiste *„A"* hinweist, werden die tiefsten Frequenzen (Töne) nach unten (über die *Spule L1*) zum *Tiefton-Lautsprecher* geleitet. Die restlichen mittleren und hohen Frequenzen gehen über den *C2* zu den anderen zwei Lautsprechern weiter. Bei dieser Verzweigung geht es also ähnlich vor sich wie an einer Straßenverzweigung, bei der es heißt: „Alle Lkws müssen die Straße nach rechts nehmen, die Pkws und kleinere Fahrzeuge fahren geradeaus weiter."

Diese erste Verzweigung der Frequenzweiche macht sich zunutze, dass Kondensatoren (in diesem Fall der *C2*) ein Hindernis für zu niedrige Frequenzen bilden und dass wiederum Spulen (in diesem Fall die *L1*) ein Hindernis für höhere Frequenzen darstellen. Somit werden an dieser Verzweigung die Frequenzen ganz automatisch voneinander getrennt. Allerdings nicht so perfekt, wie mit einer Schere, sondern nur „größtenteils". Ein Teil der tiefsten Frequenzen dringt immer noch durch den *C2* durch. Daher ist am „Ausgang" des *C2* an der Verzweigung *„B"* eine weitere *Spule L2* angebracht, die dafür zuständig ist, dass die „durchgedrungenen" tiefen Frequenzen „kurzgeschlossen" (nach „unten" geleitet) werden.

Somit werden zu den Mittelton- und Hochton-Lautsprechern (in Richtung „geradeaus") überwiegend nur die erwünschten mittleren und hohen Frequenzen durchgelassen. Kurz nach der Verzweigung *„B"* kommt aber gleich wieder eine weitere (diesmal die letzte) Verzweigung: Die mittleren Frequenzen werden über die *Spule L3* dem *Mittelton-Lautsprecher* zugeführt, die übriggebliebenen höchsten Frequenzen werden über den Kondensator *C4* dem *Hochton-Lautsprecher* zugeführt. Die Funktionsweise der Frequenzweiche *L3/C4* ist dieselbe, wie die der *L1/C2*.

Erklärungsbedürftig bleiben noch die Aufgaben der *Kondensatoren C1* und *C3* sowie der *Spule L4: C1* und *C3* bilden einen „Bypass" für die unerwünscht durchgedrungenen höheren Frequenzen (leiten sie „nach unten" – um den Lautsprecher herum – weg); *L4* bildet wiederum einen Bypass für die „Reste" der bis hierher durchgedrungenen tiefen Frequenzen.

Die eingezeichneten Komponenten-Werte dienen hier nur der Information und haben keine „Allgemeingültigkeit". Alle Kondensatoren sollten grundsätzlich polaritätsunabhängig (bipolar) sein.

Wie die drei Portionen des „Klangkuchens" zwischen die Lautsprecher verteilt werden, hängt einerseits von den Frequenzweichen, anderseits von den Parametern der angewendeten Lautsprecher ab. Bei dieser Methode kommt es jedoch immer zu einem Überlappen der Frequenzbereiche an den Übergängen. In der Praxis gelingt es nicht immer perfekt, dass die Wiedergabelautstärke bei den zwei Übergängen (zwischen TIEF – MITTE und HOCH) ausgewogen ist.

Daran ändert sich nichts, wenn man z.B. anstelle einer 3-Wege-Frequenzweiche eine 4-Wege-Frequenzweiche verwendet (die ja vom technischen Standpunkt ohnehin nicht als ein Hinweis auf „bessere Klangqualität", sondern nur als eine „Alternativlösung" zu betrachten ist).

Technisch „eleganter" sind die sogenannten *„aktiven Frequenzweichen"*. Hier werden die Frequenzsperren mit steilen elektronischen aktiven Filtern ausgelegt, die unter Umständen sehr selektiv arbeiten können. Bei dieser Lösung benötigt aber jeder Lautsprecher seinen eigenen Vor- und Endverstärker. Jeder der Vorverstärker hat dann eine aktive Frequenzweiche, die an „seinen" Lautsprecher nur den vorgesehenen Frequenzbereich etwas „selektiver" durchlässt. Zwar auch nicht ganz perfekt, aber wesentlich besser getrennt, als bei einer *passiven Frequenzweiche* technisch möglich ist.

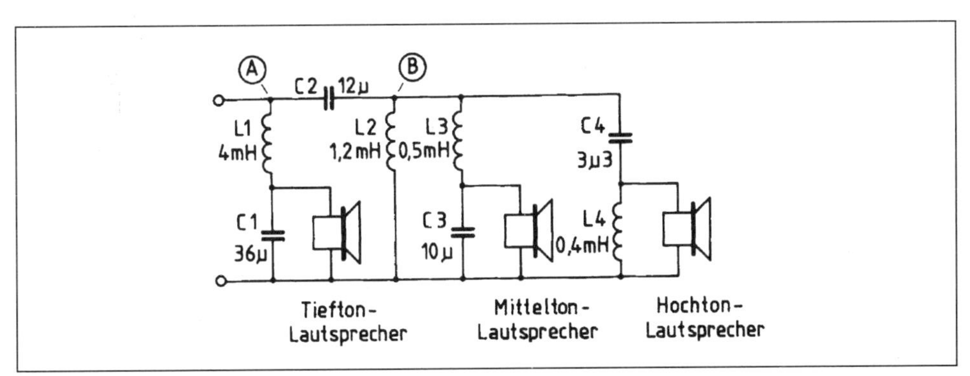

Abb. 4.6 Schaltbeispiel einer *„passiven"* Dreiwege-Frequenzweiche.

Erwähnenswert wäre, dass vom rein akustischen Standpunkt eine gute *passive Frequenzweiche* im Grunde genommen dieselbe Qualität der Klangwiedergabe bewerkstelligen kann wie eine *aktive Frequenzweiche.* Es kommt in beiden Fällen vor allem darauf an, wie gut die Frequenzweiche auf die angewendeten Lautsprecher abgestimmt und wie linear die *Übertragungscharakteristik* der Lautsprecher und der Box ist.

Wer seine Lautsprecherboxen selber bauen möchte, dem steht im Elektronik-Fach- und Versandhandel eine große Auswahl an „einfachen" (passiven) Frequenzweichen zur Verfügung. Oft werden zu den Frequenzweichen auch die „passenden" Lautsprecher empfohlen – obwohl solche Frequenzweichen im allgemeinen als „universal anwendbar" angeboten werden. Man muss nur darauf achten, dass der *Übertragungsbereich* der einzelnen Lautsprecher jeweils breit genug ist, um dem vorgegebenen Frequenzbereich der eingeplanten Frequenzweichen gerecht zu werden (der Übertragungsbereich des Lautsprechers darf breiter sein als die Frequenzweiche „abschneidet", aber nicht schmaler, denn das hätte ein „akustisches Loch" in der Klangwiedergabe zufolge).

Stromversorgung in der Elektronik

5

Wir wissen, dass elektronische Schaltungen und Geräte – bis auf seltene Ausnahmen – nur mit Gleichstrom und Gleichspannung arbeiten. Soweit nicht eine Batterie- oder Solar-Stromversorgung angewendet wird, ist ein *Netzteil* fällig, das die benötigte Spannung(en) liefern kann.

Im 3. Kapitel wurde bereits die Funktion von Transformatoren und Gleichrichtern erklärt. Die Gleichspannung am Ausgang eines Gleichrichters muß noch mit einem *Elko* etwas vorgeglättet werden. In der so aufbereiteten Gleichspannung sind aber immer noch zu „tiefe“ Spannungsrillen (als Reste der 100-Hz-Spannungsimpulse) – und diese müssen mit Hilfe eines *Spannungsreglers* geglättet werden.

Fast alle eingezeichneten Bauteile der Netzteil-Grundschaltung in *Abb. 5.1* sind uns bereits bekannt. Nur der Spannungsregler dürfte bestenfalls als ein „flüchtiger Bekannter“ bezeichnet werden. Wir haben ihn zwar bereits im Kap. 3 (Abb. 3.43) in einem Netzteil-Schaltbeispiel eingezeichnet, aber noch nicht näher erklärt.

Spannungsregler gibt es in zwei Grundausführungen: als *Festspannungsregler* und als *einstellbare Spannungsregler.* Beide Ausführungen sind sowohl für die positive als auch für die negative Spannung erhältlich.

Festspannungsregler können jeweils nur eine einzige (feste) Gleichspannung liefern und sind z.B. für Spannungen von 2, 5, 6, 8, 9, 10, 12, 15, 18 und 24 V erhältlich. *Einstellbare Spannungsregler* sind meistens für einen Spannungsbereich zwischen ca. 1,2 V und 32 bis 37 V ausgelegt.

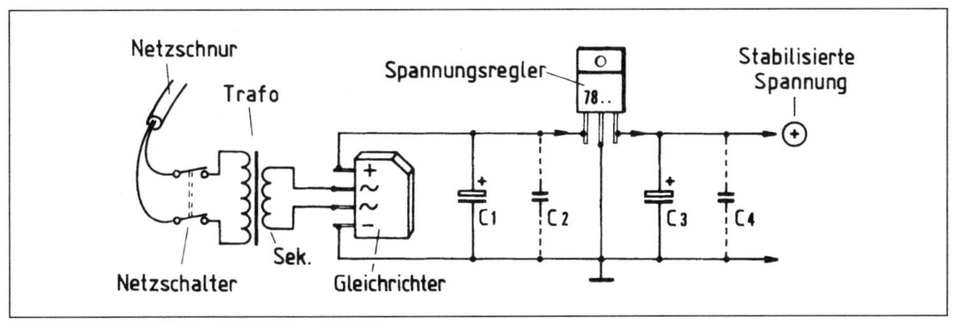

Abb. 5.1 Grundschaltung eines gängigen Netzteiles (Netzgerätes); der Gleichrichter und der Spannungsregler sind hier für eine schnellere Übersicht bildlich dargestellt.

Im Schaltbeispiel nach Abb. 5.1 ist ein Festspannungsregler Type „78..“ eingezeichnet. Bei dieser Type bestimmen die zwei letzten Ziffern die Festspannung. So liefert z.B. der Spannungsregler Type 7812 eine 12-V-Festspannung, die Type 7806 eine 6-V-Festspannung usw.

Manchmal modulieren sich entweder am Eingang oder auch am Ausgang des Spannungsreglers *Hochfrequenzstörungen*, die man dadurch beheben kann, dass parallel zum *C1* oder (und) zum *C3* ein zusätzlicher kleiner keramischer Scheibenkondensator (ca. 100 bis 220 nF) angeschlossen wird – den wir in diesem Schaltbeispiel als *C2* und *C4* gestrichelt eingezeichnet haben. Sie verhindern ein eventuelles Schwingen des Regelkreises und dämpfen zudem auch externe und interne Störfrequenzen.

Die meisten einfacheren elektronischen Schaltungen benötigen nur eine einzige Versorgungsspannung. Bei vielen der publizierten „Eigenbau-Schaltbeispiele“ ist das Netzteil gar nicht aufgeführt. Man begnügt sich mit einem Hinweis, dass die Schaltung eine *Speisespannung* von z.B. 12 V benötigt und der Tüftler muss sich dann selber weiter behelfen.

Eine Batterie ist bekanntlich schnell leer und eignet sich daher nur für einfachere Schaltungen oder Experimente. Ein Netzteil lässt sich schnell und preiswert bauen, denn alle benötigten Bausteine sind in großer Auswahl erhältlich.

Bei vielen publizierten „Selbstbau-Schaltbeispielen“ fehlt aber die Angabe über den Strombedarf. Soweit es sich um ein Netzgerät handeln sollte, das für das „Privatlaboratorium“ bestimmt ist, kann die nachbauleichte Schaltung aus *Abb. 5.2* hervorragende Dienste leisten.

Hier wurde ein *einstellbarer Spannungsregler (LM 317 K)* verwendet. Mit dem Potentiometer P kann eine beliebige Spannung zwischen ca. 1,2 V und 28 V eingestellt werden. Wir haben in unserem Beispiel mit einer oberen Spannungsgrenze von 28 V Genügen genommen, denn höhere Spannungen kommen bei gängigen Schaltbeispielen ohnehin nicht vor.

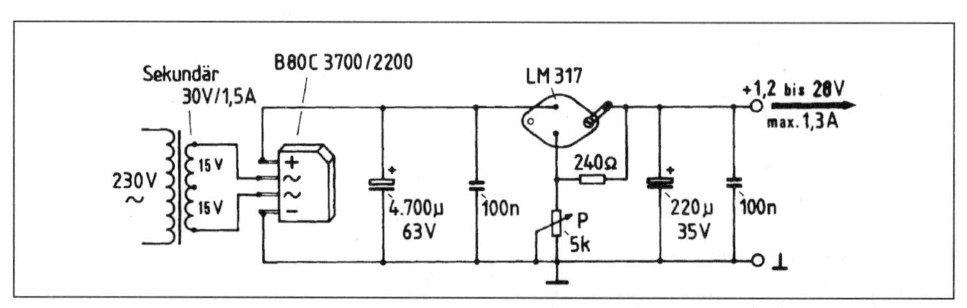

Abb. 5.2 Schaltplan eines universellen Netzgerätes mit regelbarer Ausgangsspannung. Der Spannungsregler *LM 317* ist entweder im TO-3-Metallgehäuse (als Type *LM 317 K*) – wie eingezeichnet – oder alternativ im TO-220-Kunststoffgehäuse (als Type *LM 317 T*) erhältlich; in beiden Fällen sollte er mit einem Kühlkörper versehen werden – aber Vorsicht: bei dem *LM 317 K* ist die Ausgangs-PLUS-Spannung über sein ganzes Metallgehäuse verteilt (das daher nicht in Berührung mit der Masse kommen darf).

Die maximale Ausgangsspannung eines Netzgerätes hängt von der maximalen Sekundärspannung des Trafos ab. Bei diesem Schaltplan orientierten wir uns an den preiswerteren handelsüblichen Standardtrafos *(EI 66–50 VA)*. Darunter gibt es z.B. eine Ausführung mit „2 x 15 V/1,67 A" am Sekundär. Da 2 x 15 V in Serie 30 V ergeben, eignet sich ein solcher Trafo für den vorgesehenen Zweck hervorragend.

Der hier angewendete einstellbare Spannungsregler *LM 317 K* verkraftet maximal einen Strom von 1,5 A. Allerdings nur unter der Bedingung, dass seine Leistung 20 Watt nicht überschreitet. Wenn wir die 20 Watt durch den 1,3 A-Ausgangsstrom teilen, ergibt es 15,38 Volt. Falls die vom Netzgerät bezogene Spannung ca. 15 V überschreitet, sollte also die Stromabnahme „entsprechend" unterhalb von den 1,3 A liegen. Bei einer Ausgangsspannung von z.B. 18 V sollte die Stromabnahme ca. 1,1 A nicht überschreiten (20 W : 18 V = 1,1 A). Damit lässt sich aber „leben", weil die meisten elektronischen Bauanleitungen und Bausätze ohnehin die 15 V-Grenze selten überschreiten.

Wir haben diesem Thema etwas mehr Aufmerksamkeit gewidmet, weil gerade die Spannungsregler zwar in großer Auswahl vorhanden sind, aber ziemlich kostspielig werden, sobald etwas „großzügiger" dimensioniert wird. Wenn man genauer im Bilde darüber ist, worauf es bei so einem Bauteil ankommt, wächst in dieser Hinsicht die „Treffsicherheit".

Achten Sie aber bitte bei den einstellbaren Spannungsreglern darauf, dass der vom Hersteller empfohlene Ohmsche Wert des Widerstandes, der jeweils zwischen dem Spannungs- und dem Regelausgang angeschlossen werden muss, auch wirklich stimmt! In unserer Schaltung soll dieser Widerstand laut Hersteller 240 Ω betragen. Den gibt es handelsüblich in der Metallschicht-Ausführung – die für diesen Zweck ohnehin bevorzugt angewendet werden dürfte. Bei manchen anderen Spannungsregler-Typen werden jedoch andere Werte verlangt – darauf ist also zu achten!

Der 5-k-Potentiometer, der am Regel-Ausgang des Spannungsreglers für die Einstellung der benötigten Spannung dient, ist dagegen bei den meisten Spannungsreglern einheitlich – in unserem Lande jedoch nicht ausgesprochen „handelsüblich". Die bei uns „genormten" Werte betragen normalerweise 4,7 kΩ. Obwohl dieser kleine Unterschied nichts ausmacht, spricht nichts dagegen, dass man in Serie mit diesem Potentiometer z.B. einen zusätzlichen 300-Ω-Metallschicht-Widerstand anschließt (oder nach einem feinen 5-k-Drahtpotentiometer Ausschau hält).

Wird ein Netzteil nur für ein einziges Eigenbaugerät benötigt, bei dem der Stromverbrauch nicht bekannt ist, kann man ihn folgendermaßen einschätzen: Soweit die Schaltung mit nur einem einzigen IC bestückt ist, bei dem die max. Stromabnahme aus den technischen Daten hervorgeht, ist alles klar. So wird beispielsweise eine Schaltung mit dem Timer-IC *NE 555* den Stromverbrauch von 200 mA (= 0,2 A) nicht überschreiten, weil das IC ohnehin nicht mehr als die 0,2A schalten kann. Die zusätzliche Verschaltung und der Stromverbrauch des „Innenlebens" kann die Stromabnahme nur geringfügig erhöhen. Abgesehen davon wird die Schaltung das IC nicht mit dem Maximumstrom von 0,2 A belasten, sondern lässt in der Hinsicht einen Reserve-Spielraum offen.

Ähnlich ist es bei anderen einfacheren Schaltbeispielen. Man kann z.B. vom Stromverbrauch diverser einzelner „Verbraucher" (Glühlämpchen, Relais usw.) ausgehend den gesamten Stromverbrauch einigermaßen ermitteln – oder zumindest schätzen. In der Praxis geht es ja nur darum, dass das Netzteil einerseits nicht „unterdimensioniert", aber anderseits nicht unnötig groß und teuer wird.

Wem ein Eigenbau-Netzgerät nach Abb. 5.2 zur Verfügung steht, der kann natürlich mit Hilfe eines Multimeters den Strombedarf einer Schaltung einfach vor dem Entwurf eines selbständigen Nezteiles messen (siehe Kap. 7). Wenn dann ein Netzteil speziell nur für diese einzige Schaltung ausgelegt werden soll, ist ja alles klar.

Bei der Planung wird mit dem Trafo angefangen: Seine Sekundär-Wechselspannung soll um ca. 3 Volt (bis um ca. 5 V), höher sein als die benötigte Gleichspannung am Spannungsregler-Ausgang. Weiterhin sollte der Sekundär dieses Transformators etwa 10 bis 20% mehr Strom liefern können als die Schaltung selber benötigt (schon wegen dem integrierten Spannungsregler, der ja auch einen kleinen Teil der Leistung „frisst").

Was den Brückengleichrichter und Spannungsregler anbelangt, gilt: Je großzügiger sie in Hinsicht auf die maximale Strombelastung dimensioniert sind, desto weniger heizen sie sich auf (was besonders bei Geräten wünschenswert ist, die des öfteren länger eingeschaltet bleiben). An größere Spannungsregler (ab ca. 1 A) wird jedoch ohnehin ein zusätzlicher Kühlkörper angebracht, der diesen Baustein kühl hält (was wiederum bei gängigen Gleichrichtern nicht notwendig ist).

Eine besondere Aufmerksamkeit verdient im Netzteil der Elektrolytkondensator, der parallel am Gleichrichter angeschlossen ist und bei *dieser Anwendung* als *Ladekondensator* bezeichnet wird (der C1 in Abb. 5.1). Wir wissen, dass ein Gleichrichter keine „echte" Gleichspannung, sondern nur eine Reihe von positiven Spannungsimpulsen nach *Abb. 5.3a* liefert. Erst wenn an dem Gleichrichter ein *Ladekondensator* angeschlossen wird, füllen sich – mehr oder weniger – die Zwischenräume zwischen den einzelnen Impulsen *(Abb. 5.3 b/c)*. Ob mehr oder weniger, das hängt einerseits davon ab, wie groß die Stromabnahme des angeschlossenen „Verbrauchers" ist, anderseits von der Kapazität des Ladekondensators.

Wenn an dem Kondensator nur ein sehr bescheidener „Verbraucher" angeschlossen ist – wodurch die Stromabnahme klein gehalten wird – glättet der Kondensator die Spannung deutlich besser, als wenn der Stromverbrauch hoch ist. Der Grund liegt darin, dass sich der *Ladekondensator* bei einer großen Stromabnahme nach jedem ihm zugeführten Spannungsimpuls gleich wieder sehr schnell entlädt. Der Verbraucher „saugt" ja den benötigten Strom ununterbrochen, aber die Stromlieferung vom Gleichrichter besteht aus „Unterbrechungen", die der Kondensator nur mit „Energiereserven" auffüllen kann, die er von Impuls zu Impuls speichert.

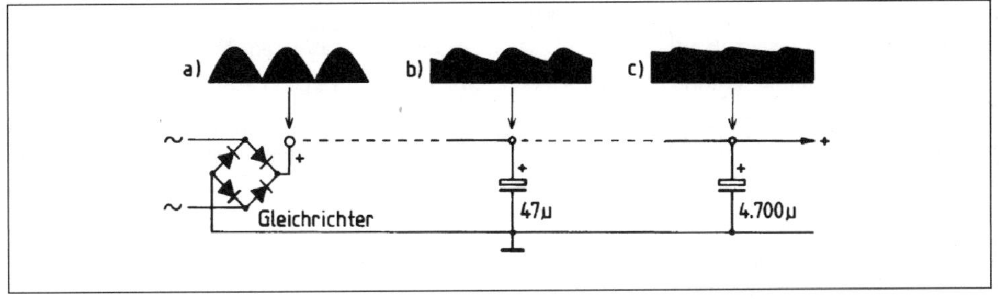

Abb. 5.3 Die Funktion eines Ladekondensators im Netzteil: der Ladekondensator lädt sich mit den vom Gleichrichter gelieferten Spannungsimpulsen auf und glättet somit die pulsierende Gleichspannung um so besser, je kleiner die Stromabnahme und je größer seine Kapazität ist; ein *47-µF-Ladekondensator* glättet die ihm vom Gleichrichter zugeführte pulsierende Gleichspannung wesentlich geringfügiger, als z.B. ein *4 700-µF-Kondensator.*

Je größer die *Kapazität* des *Ladekondensators* ist, um so leichter kommt er über die „Durststrecken“, weil er größere Energiemengen speichern kann. Der angeschlossene Verbraucher „pumpt“ ihn deshalb nicht so leicht leer, wie einen Kondensator mit zu kleiner Kapazität.

Für die Praxis stellt diese ganze Aufklärung nur eine „Nebeninformation“ dar, über die man sich nicht unbedingt gleich beim ersten Durchlesen dieses Büchleins den Kopf zerbrechen muss. Es genügt zu wissen, dass es so etwas gibt und welchen Sinn es hat.

Was die optimale *Kapazität* eines *Ladekondensators* betrifft, so ist folgendes zu empfehlen: Wer auf „Nummer sicher“ gehen möchte, schneidet erprobt am besten mit der Faustregel ab, dass so einem Kondensator pro jede 100-mA-Stromabnahme eine Kapazität von bis zu etwa 470 µF zusteht. Somit dürfte beispielsweise bei einer vorgesehenen Stromabnahme von 500 mA der *Ladekondensator* eine Kapazität von bis zu 5 x 470 µF (= 2 350 µF) haben.

Eine derartig hohe Kapazität kann in vielen Fällen als zu übertrieben bezeichnet werden, aber unter etwas ungünstigeren Betriebsbedingungen ist sie von Vorteil. Wenn z.B. der Transformator zu kritisch dimensioniert ist, oder wenn die Netzspannung umständehalber (vorübergehend) unterhalb der 230 V~ liegt, liefert der Trafo-Sekundär nicht die vorgesehene Spannung. Eine höhere Kapazität des *Ladekondensators* verhindert in dem Fall, dass der Spannungsregler eine Gleichspannung mit störendem Brummspannungsanteil liefert.

Obwohl ein „einsamer“ *Ladekondensator* die ihm angelieferte pulsierende Spannung nicht wirklich perfekt glätten kann, ist es wichtig, dass er die Spannung zumindest derartig gut glättet, dass der an ihm angeschlossene *Spannungsregler* die „Glättung“ vollenden kann – was er nur dann bewältigt, wenn die Rillen in der ihm angelieferten Spannung nicht mehr allzu tief sind.

Was man nun unter einem derartigen Vorgang verstehen darf, lässt sich am besten mit dem

Glatthobeln eines groben Brettes vergleichen: Wenn so ein grobes Brett z.B. eine Dicke von 30 mm hat und es soll auf eine Dicke von 25 mm exzellent glatt gehobelt werden, dürfen in dem „angelieferten“ Brett die Dellen (oder Unebenheiten) nicht tiefer als 5 mm sein. Andernfalls bleiben in dem abgehobelten Brett noch alle Dellen sichtbar, die tiefer als 5 mm waren. Das ist ja logisch.

Da auch ein Spannungsregler sehr ähnlich wie eine Hobelbank arbeitet, darf die ihm gelieferte „grobe“ Spannung nicht zu tiefe Spannungsdellen beinhalten, denn der Spannungsregler kann sie von sich aus nicht füllen.

Bei diesen Überlegungen sollte man auch im Bilde über das „Größenverhältnis“ zwischen der Wechselspannung und der Gleichspannung sein. Die Sache hat nur den Haken, dass die „Größe“ einer Wechselspannung ständig zwischen *Null* und einem *Maximum* wechselt, das genau 1,41 höher ist als die „offizielle Nennspannung“ andeutet. Somit erreichen beispielsweise die „Wellen“ einer 10-Volt-Wechselspannung nach *Abb. 5.4* keine 10 Volt, sondern wechseln ständig (100 mal pro Sekunde) zwischen Null und 14,1 Volt (wobei es sich um 50 positive und 50 negative Spannungsimpulse pro Sekunde handelt).

Wenn man die Spannung mit einem Voltmeter misst, zeigt sie aber dennoch nur die 10 Volt an und bleibt somit „ihrem Namen“ treu. Dies kommt dadurch zustande, dass der Voltmeter keine Momentaufnahmen der Spannung, sondern ihren „energetischen Inhalt“ ermittelt.

Wenn z.B. eine 10 V-Glühlampe oder ein 10 V-Heizkörper an eine 10 Volt-Spannung angeschlossen werden, ist es ihnen egal, ob es sich dabei um eine Wechsel- oder Gleichspannung handelt, weil die 10 V-Wechselspannung denselben „energetischen Inhalt“ hat wie die 10 V-Gleichspannung.

Da elektronische Schaltungen grundsätzlich nur mit einer Gleichspannung „gefüttert“ werden wollen, könnte es uns eigentlich egal sein, wie es mit dem Verhältnis zur Wechselspannung aussieht. Allerdings gilt dies nicht für den Eigenbau von Netzteilen. Besonders deshalb nicht, weil –wie wir bereits an anderer Stelle erwähnten – bei den meisten Bau-

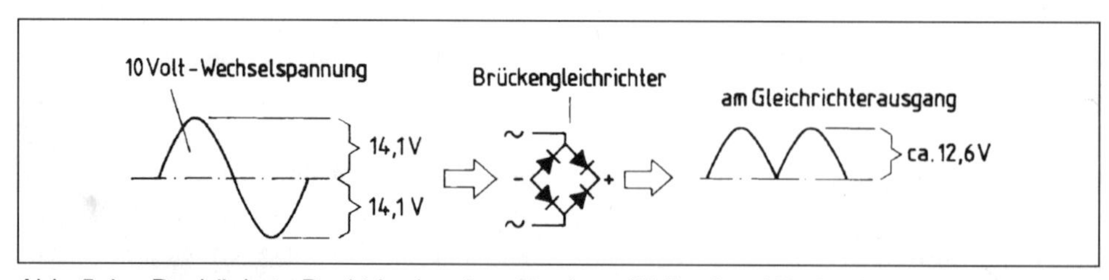

Abb. 5.4 Der höchste Punkt in der sinusförmigen Welle einer Wechselspannung ist genau 1,41mal größer, als der „offizielle“ Spannungswert. Somit beträgt das Spannungsmaximum einer „10 Volt-Wechselspannung“ nicht 10 V, sondern 14,1 V. An einem normalen Silizium-Brückengleichrichter gehen ca. 1,5 Volt der ihm zugeführten Spannungsimpulse verloren; die „Spitzenspannung“ an seinem Ausgang ist somit immer ca. 1,5 V niedriger, als an seinem Eingang.

anleitungen oder Bausätzen kein Schaltplan des eigentlichen Netzteiles aufgeführt ist. Es lohnt sich daher, dass man über die Funktion eines Netzteiles richtig Bescheid weiß. Dann wird ein Eigenentwurf zu einer der leichtesten Aufgaben.

Viele offene Punkte sind uns ja ohnehin nicht mehr übriggeblieben. Wichtig wäre noch die Frage der Betriebsspannung des Ladekondensators C1 (in Abb. 5.1). Dieser Kondensator muss die Spannungsmaximen der gleichgerichteten Spannungsimpulse nach *Abb. 5.4* verkraften können. In normalen Siliziumgleichrichterdioden (die auch in einem gängigen Brückengleichrichter eingegossen sind) geht – wie schon erwähnt – eine Spannung von ca. 1,5 Volt verloren. Man rechnet mit ca. 0,7 bis 0,8 V pro Diode „mal zwei" – weil hier ja die Wechselspannung immer durch zwei Dioden gleichzeitig läuft.

Aus diesem Grund haben wir im Schaltbeispiel 5.2 den Ladekondensator *(4 700 µF)* in 63 V-Ausführung gewählt. In der Standardreihe gibt es in unserem Lande die Elektrolytkondensatoren meistens nur entweder in 35 V- oder in 63 V-Abstufung (im Ausland sind sie mit Betriebsspannungen von z.B. 25 V oder 50 V erhältlich).

In unserem Fall würde ein 35-V-Elko nicht reichen. Das lässt sich leicht nachrechnen:

Die 30 V-Wechselspannung hat „Spannungsspitzen" von 30 V x 1,41 = 42,3 V. Davon gehen zwar am Gleichrichter die 1,5 V verloren, aber es bleiben immer noch 40,8 V übrig, die der Ladekondensator verkraften muss. Daher also die 63-Volt-Type (oder einfach ein Elko, der die 40,8 V verkraftet).

Auf dieselbe Weise kann bei der Planung eines beliebigen Netzteiles nachgerechnet werden, für welche Betriebsspannung der Ladekondensator ausgelegt werden muss. Diese Berechnungen gelten allerdings nur für den Ladekondensator. Alle anderen Kondensatoren in der Schaltung „hängen" ja nur noch an einer „glatten" Gleichspannung, auf die sie dimensioniert werden müssen – und die zudem in den Schaltplänen üblicherweise ohnehin aufgeführt ist. Andernfalls versteht es sich von selbst, dass z.B. der Elektrolytkondensator am Ausgang eines 20 V-Spannungsreglers die 20 V-Spannung verkraften muss usw.

Zu klären bliebe noch die Frage der Kapazität des Elektrolytkondensators am Ausgang des Spannungsreglers. In vielen Schaltbeispielen wird nur eine ziemlich kleine Kapazität empfohlen, denn die Qualität der Ausgangsspannung ist unter normalen Umständen derart gut, dass dieser Kondensator nur noch evtl. Störimpulse oder Geräusche „wegfiltrieren" muss, die geringfügig noch vom Spannungsregler, aber überwiegend aus der angeschlossenen Schaltung kommen können (und tatsächlich auch oft kommen!). Hier können wir auf zu viel Theorie verzichten. Praktisch sieht die Sache so aus, dass bei einem Netzteil für z.B. Audiogeräte ein 100 µF bis 470 µF-Elko empfehlenswert ist. Da der Preisunterschied zwischen diesen Elkos nur Pfennige beträgt, kann man bevorzugt einen 220 µF- oder 470 µF-Elko anwenden (soweit im Gerät genügend Platz vorhanden ist). Er fängt evtl. gelegentliche Spannungsstörungen oder vorübergehende Unterspannungen des öffentlichen Netzes etwas besser auf.

Wenn es sich um ein Netzteil für Lichteffektschaltungen oder eine Türklingel handelt, reicht aber auch ein 1 µF-Elko aus. Soweit jedoch für denselben Preis z.B. ein 47 µF-Elko erhältlich ist (was gegenwärtig oft vorkommt), gibt man diesem hier Vorrang.

Symmetrische Speisespannung

Manche ICs – worunter besonders diverse integrierte Verstärker – benötigen zwei Versorgungsspannungen: eine POSITIVE und eine NEGATIVE. Dies wird – wie bereits an anderer Stelle erwähnt wurde – als eine *symmetrische Speisespannung* bezeichnet.

So ein Netzteil benötigt auch unser Verstärker aus Kap. 3/Abb. 3.45. Daher wollten wir hier „Nägel mit Köpfen machen" und haben das in *Abb. 5.5* aufgeführte Schaltbeispiel gleich an den 30 W-Verstärker mit dem IC *LM 4700* maßgerecht angepasst.

Ein solches Netzteil benötigt einen Trafo mit zwei Sekundärwicklungen und eine „doppelte" Spannungsregelung, bei der für den *Negativzweig* ein *Negativ-Festpannungsregler (7924)* angewendet wird.

Normalerweise wäre für dieses Netzteil nur ein einziger Transformator nötig, dessen Sekundär ca. 2 x 38 V aufweist. Der ist aber nicht handelsüblich. Wir mussten also etwas improvisieren und haben zwei „marktgerechte"

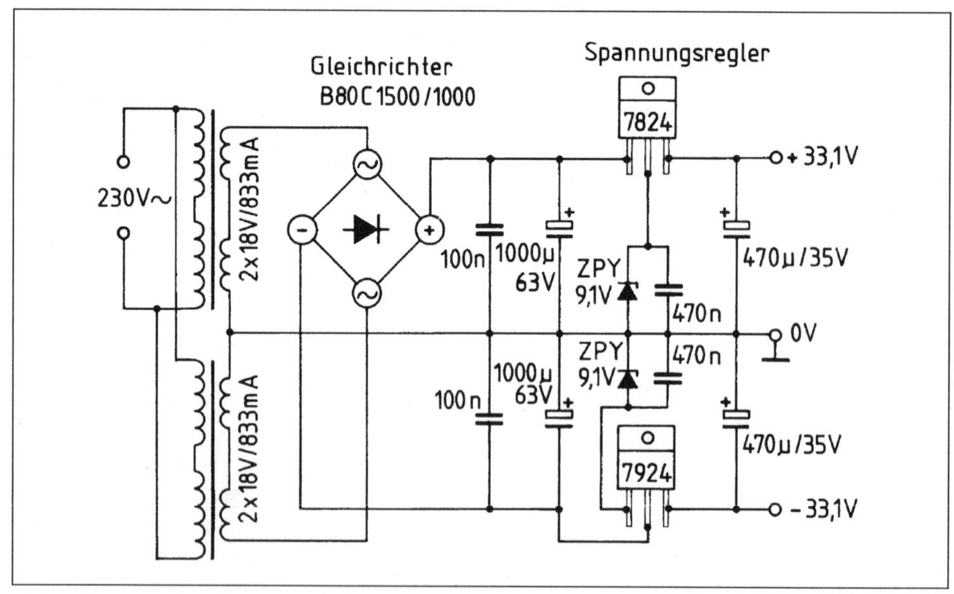

Abb. 5.5 Nachbauleichtes Netzteil für die symmetrische Spannungsversorgung des 30 W-Verstärkers mit dem IC *LM 4700* (aus Kap. 3/Abb. 3.45).

Transformatoren miteinander so verschaltet, dass die Sekundärspannung 2 x 36 V ergibt.

Der hier angewandte Gleichrichter ist ein „normaler“ Standard-Gleichrichter. Er wird in diesem Fall für beide Spannungszweige benützt. Der Rest der Schaltung bildet – bis auf die Zenerdioden *ZPY 9,1 V* – nur ein Spiegelbild des ansonsten bekannten Netzteiles.

Wir lassen vorerst die untere Hälfte des Spiegelbildes außer acht und sehen uns den oberen Spannungsregler *7824* an: Aus seiner Typennummer geht hervor, dass er für eine positive Festspannung von 24 V ausgelegt ist. Die preiswerten handelsüblichen Festspannungsregler sind nur für Spannungen von max. 24 V erhältlich. Daher mussten wir uns hier mit je einer zusätzlichen Zenerdiode (ZPY 9,1 V) „pro Spannungszweig“ aushelfen, um die Festspannung auf 33,1 V zu erhöhen. Es handelt sich hier um einen „alten Trick“, mit dem man die Ausgangsspannung eines jeden Festspannungsreglers beliebig erhöhen kann: sie steigt auf diese Weise einfach um die Zenerspannung. Um evtl. geringfügige Störimpulse an den Zenerdioden gegen die Masse abzuleiten, wurde an sie jeweils parallel ein 470 nF-Kondensator angeschlossen. So einfach geht es …

Zu beachten

Die Füßchen eines Negativ-Spannungsreglers sind oft etwas anders belegt, als die des Positiv-Spannungsreglers. Zudem sind die zwei Elkos im Negativzweig mit ihrem PLUS-POL an die Masse angeschlossen (weil diese positiver ist, als die Negativspannung).

6 Löten, Montieren, Verbinden

Gelötet wird in der Elektronik mit einem kleinen Lötkolben und mit Elektronik-Zinnlötdraht, dessen Ader bereits auch ein Flussmittel beinhaltet. Eine zusätzliche Beigabe von Flussmittel ist daher nicht notwendig.

Soweit die Lötspitze des Lötkolbens sauber ist, wird das Löten zum Kinderspiel. Unter dem Begriff „sauber" versteht sich eine Lötspitze, von der laufend die alten verbrannten Zinnreste durch Putzen an einem leicht feuchten Schwamm entfernt werden.

Beim Löten geht man nach *Abb. 6.1a* vor: Die saubere (aber dünn verzinnte) Lötspitze wird gegen die Lötstelle so angedrückt, dass sie sowohl den Draht (das Füßchen eines Bauteiles) als auch die *Leiterbahn* der Platine (oder eine Lötöse) gleichzeitig aufwärmt. Erst etwa eine halbe Sekunde später wird das Lötzinn zugefügt. Möglichst genau in die Mitte zwischen die Lötkolbenspitze, den *Draht* und die *Leiterbahn* – oder zumindest unter die Lötkolbenspitze auf die Lötstelle.

Eine gute Lötstelle erkennt man daran, dass sich da das Zinn nach *Abb. 6.1b* sehr anschmiegsam mit den gelöteten Teilen verbindet. Wenn das Zinn auf der Lötstelle nach *Abb. 6.1c* nur wie ein ausgespuckter Kaugummi klebt und sichtbar keine „intimere" Verbindung mit den gelöteten Teilen eingehen wollte, ist die Lötstelle schlecht. Das Flussmittel kann hier oft eine isolierende Schicht zwischen den beiden gelöteten Teilen bilden (so entstehen die sogenannten *kalten Lötstellen*).

Eine gute Lötverbindung setzt voraus, dass die zum Löten vorgesehenen Füßchen, Ösen oder Leiterbahnen sauber sind. Ösen kann man im Zweifelsfall evtl. erst leicht verzinnen; matte Kupferleiterbahnen lassen sich z.B. mit feiner Stahlwolle reinigen usw.

Für Eigenbau-Schaltungen und -Geräte braucht man keine vorgefertigten Leiterplatten. Einfache Pertinax-Lötleisten – wie auf der Innenseite des Buchumschlags abgebildet – eignen sich besonders gut für kleinere Experimente.

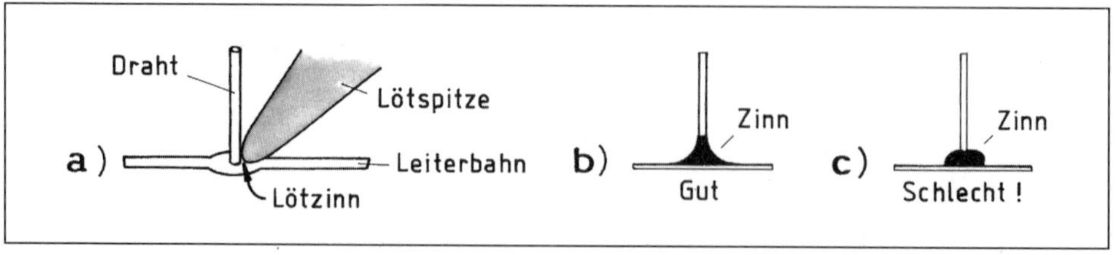

Abb. 6.1 a) richtig Löten ist keine Kunst; es ist nur darauf zu achten, dass sich das Lötzinn mit den gelöteten Teilen gut verbindet und eine glatte Oberfläche bildet; b) eine gute Lötstelle – das Zinn schmiegt sich an die gelöteten Teile an und hat eine glatte, glänzende Oberfläche; c) an einer schlechten Lötstelle kann man sehen, dass das Zinn nur „aufgetropft" wurde.

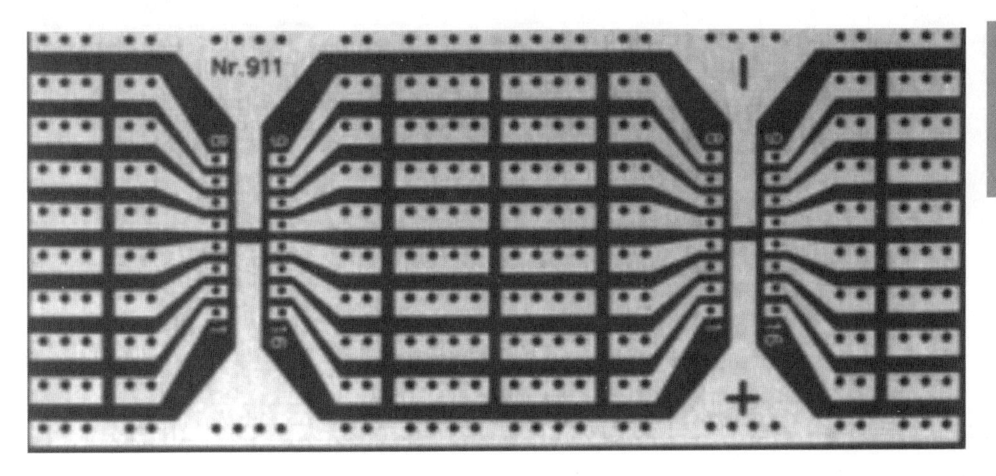

Abb. 6.2 Vorgefertigte IC-Platinen erleichtern den Aufbau (Foto Conrad Electronic).

Für größere bzw. raumsparende Schaltungen führt der Elektronikhandel verschiedene Experimentierplatinen – u.a. auch IC-Platinen *(Abb. 6.2),* die sich mit einer Laubsäge leicht teilen lassen.

Wenn Komponente auf Experimentier- oder Bausatzplatinen gelötet werden, sollte dies in folgender Reihenfolge vor sich gehen:

1 Die Platine wird erst mit „niedrigen“ Komponenten (Widerständen, Dioden, Verbindungsbrücken bestückt; danach wird auf sie ein Schaumgummi aufgelegt, gegen die eingesteckten Komponente angedrückt, das Ganze umgedreht, nach Abb. 6.3 auf den Tisch gelegt und das Löten kann beginnen.

2 Nachdem die „niedrigen“ Komponente eingelötet wurden, wird die Platine mit den restlichen „höheren“ Komponenten (Kondensatoren, IC-Fassungen usw.), bestückt und der ganze Vorgang wird nochmals wiederholt. Falls unter den „höheren“ Komponenten noch einige besonders hohe Einzelstücke sind – die ein ordentliches Andrücken des Schaumgummis auf die „niedrigeren“ Nachbarn verhindern – können diese erst im nachhinein separat auf die Platine angelötet werden.

Wenn beim Experimentieren Drahtenden „in der Luft“ zusammengelötet werden sollen, kann dies nach *Abb. 6.4* geschehen.

Unser Tip

Soweit man ICs anwendet, für die es *Fassungen* gibt, sollte man diese unbedingt einsetzen; das erleichtert einen schnellen Austausch des ICs, der oft auch „bei Zweifel“ leicht vorgenommen werden kann.

Falls die Komponente einer Eigenbauschaltung nicht nochmals verwendet werden, zwickt man ihre überstehenden Füßchen ab. Dafür eignet sich am besten eine sehr kleine

Abb. 6.3 Das Einlöten der Komponente auf eine Platine: Der Zeigefinger und der Daumen der einen Hand halten den Lötdraht, während der kleine Finger und der Ringfinger die Platine gegen den Schaumgummi nach unten andrücken; die andere Hand bedient den Lötkolben

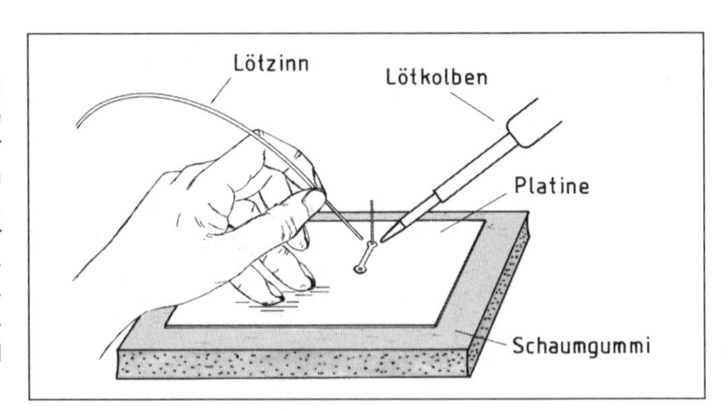

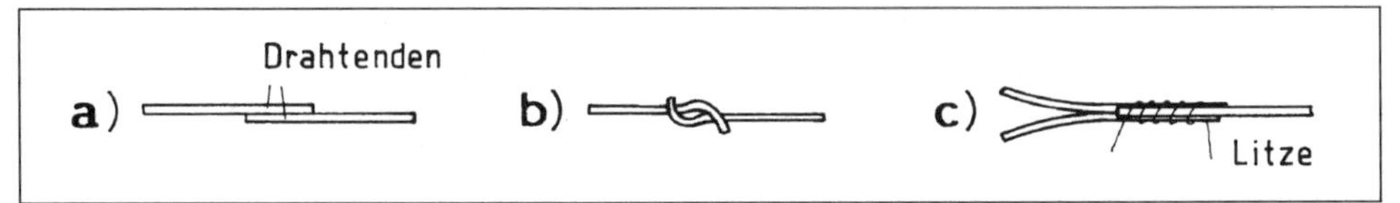

Abb. 6.4 Zusammenlöten von mehreren Drahtenden: a) hier darf die Hand beim Löten nicht zittern; b) etwas vorgebogene Drahtenden lassen sich leichter löten; c) wenn die Drahtenden vor dem Löten mit einer dünnen Kupferlitze umwickelt werden, gelingt das Zusammenlöten am leichtesten.

und feine Zwickzange (Seitenschneider). Zum Halten der gelöteten Bauteile und Drähtchen wird eine ca. 12 bis 15 cm lange Pinzette verwendet.

Für Eigenbaugeräte führt der Elektronik-Fach- und Versandhandel eine sehr große Auswahl an Fertiggehäusen. Dasselbe gilt für Schalter, Stecker und Montagebauteile aller Art. Eine schnelle Übersicht bieten u.a. Kataloge der Elektronik-Versandhäuser (siehe Lieferantennachweis am Buchende).

Schaltzeichen als Löthinweise

In Elektronik-Schaltplänen werden Lötverbindungen mit einem Punkt angedeutet, der nach *Abb. 6.5* vor allem an „Kreuzungen" eine wichtige Rolle spielt (ein vergessenes Pünktchen und die Schaltung arbeitet nicht).

Dass sich in einem Elektronik-Schaltplan diverse Verbindungen zeichnerisch kreuzen, ist bei aufwendigeren Schaltungen oft unvermeidlich. Hier bildet nur der Punkt auf der Kreuzung einen Hinweis dafür, dass es sich um eine Verbindung handelt. Seine Position hat aber nichts damit zu tun, wo die Verbindung beim Löten tatsächlich angebracht wird – sie muss logischerweise natürlich auf der vorgegebenen Leiterbahn bleiben.

Wichtig ist zu wissen, dass alle Verbindungen, die etwas mit einer direkten „Signalübertragung" zu tun haben, möglichst kurz sein müssen. Andernfalls ist eine elektrische Abschirmung notwendig.

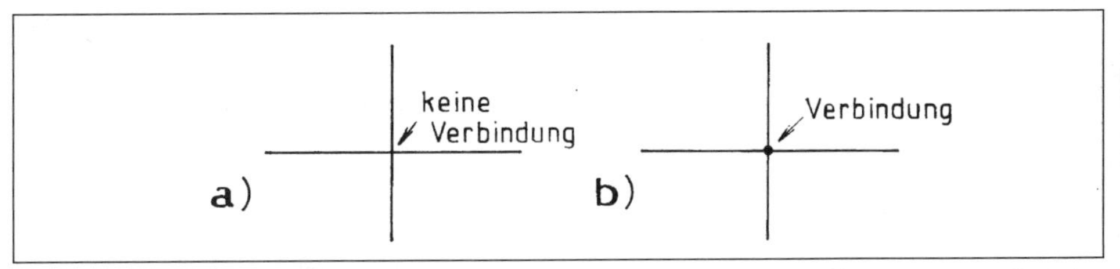

Abb. 6.5 In Elektronikschaltplänen kreuzen sich oft zwei Striche: a) wenn in der Schnittstelle kein Punkt eingezeichnet ist, gibt es zwischen den zwei „Strichen" keine Verbindung; b) eine Verbindung wird mit einem Punkt eingezeichnet.

Abgeschirmte Kabel und Abschirmungen

Wer bereits Erfahrung mit dem Anschluss eines Mikrofons oder einer E-Gitarre hat, dem ist bekannt, dass die Tonübertragung (Signalübertragung) mittels eines *abgeschirmten Kabels* stattfinden muss.

Auch in elektronischen Schaltungen bzw. Geräten muss überall dort ein abgeschirmtes Kabel angewendet werden, wo ein Ton oder ein Signal (auch ein Hochfrequenzsignal) über einen längeren Abstand übertragen wird. Andernfalls modulieren sich auf das „Signal" Störungen.

Zu den schlimmsten Störungen dieser Art gehört der bekannte elektrische „Brumm", den normalerweise laufend alle elektrischen Leitungen (z.B. auch das eigentliche Hausnetz) in den Raum „senden".

Abgeschirmte Kabel schützen die empfindlichen Signalleitungen gegen derartige Störungen. Sie bestehen aus einer isolierten Ader, die nach *Abb. 6.6* mit einem Geflecht aus verzinntem Kupferdraht abgeschirmt ist. Diese Abschirmung bildet z.B. bei einem Mikrofonkabel gleichzeitig den *„zweiten Leiter"*, der allerdings immer mit der *Masse* verbunden werden muss.

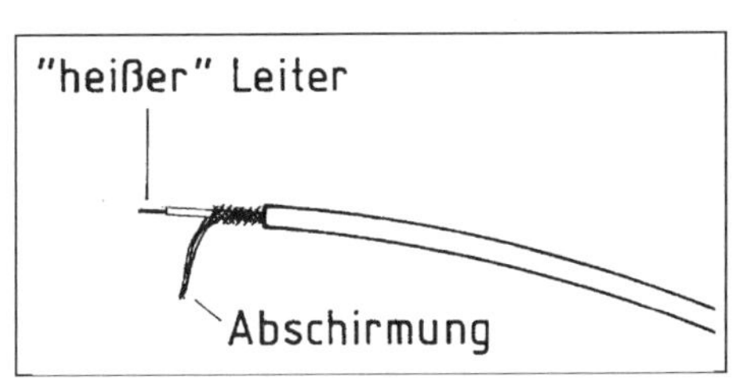

Abb. 6.6 Ein einfaches abgeschirmtes Kabel.

Bei einer Mikrofon-, Gitarren- oder Sat-Schüssel-Zuleitung ist die Sache klar und unproblematisch: da funktionieren sowohl die Ader als auch die Abschirmung als „zwei Leiter" der Zuleitung. Soweit jedoch abgeschirmte Kabel im Inneren eines Gerätes angewendet werden, sollte die *Abschirmung* grundsätzlich nur an einer Seite mit der Masse verbunden werden (die andere Seite bleibt unangeschlossen). Dies beinhaltet, dass *hier* die Abschirmung prinzipiell nicht zum Durchverbinden der Masse bzw. des Minuspoles der Versorgungsspannung (von zwei

Geräteteilen) verwendet werden sollte. Stattdessen wird sie mit einem separaten dickeren Leiter erstellt. Eine Ausnahme dürfen nur sehr kleine Hilfsschaltungen bilden, bei denen sich in der Abschirmung kein Brumm induzieren kann (was sich im Zweifelsfall ausprobieren lässt).

Wenn sich ansonsten in einem Gerät eine elektronische Audio- oder Hochfrequenzschaltung als zu brummempfindlich erweist, kann der ganze empfindliche Schaltungsteil zusätzlich mit einer Alufolie oder einem Blech (Konservenblech) abgeschirmt werden. Abhängig davon, aus welcher Richtung die Störungen kommen, wird eine solche Abschirmung entweder nur als eine Art „Zwischenwand", oder als ein kleines Blechgehäuse erstellt (zusammengelötet) und mit der Masse leitend verbunden.

Messen in der Elektronik

Noch nie waren elektronische Messgeräte – und vor allem die sehr praktischen Multimeter – so preiswert wie jetzt.

Auch mit einem der einfachsten Multimeter können wahlweise *Widerstand, Gleichspannung, Wechselspannung, Gleichstrom und Wechselstrom* gemessen werden.

Der gewünschte Messbereich wird üblicherweise mit einem Drehschalter ausgewählt, der in der Mitte der unteren Hälfte des Multimeters angebracht ist. Für die Bezeichnung der einzelnen Spannungs- und Strommessbereiche werden die internationalen Abkürzungen verwendet: *„AC" für Wechselspannung und Wechselstrom, „DC" für Gleichspannung und Gleichstrom.* Wenn also ein Bereich (eine der Positionen des Drehschalters) z.B. als *„AC V"* bezeichnet ist, bedeutet es *„Wechselspannung in Volt";* steht in einem weiteren Feld z.B. die Bezeichnung *„DC A"* bedeutet es *„Gleichstrom in Ampere"* usw.

Abb. 7.1 Ausführungsbeispiel eines *Analog-Multimeters:* Hier wird der jeweilige Messwert mit einem Zeiger angezeigt (Foto Conrad Electronic).

Multimeter gibt es entweder mit analoger oder mit digitaler Anzeige der Messwerte.

Bei Analog-Geräten ist das Ablesen des Messwertes anfangs etwas gewöhnungsbedürftig. So ist z.B. bei dem Messgerät nach *Abb. 7.1* die oberste Skala nur für das Messen des Widerstandes (oder für das Suchen des richtigen Drahtendes) vorgesehen. Rechts neben dieser Skala steht allerdings das Ω-Zeichen, wodurch klargestellt ist, um welchen Messbereich es sich hier handelt. Dasselbe gilt für alle anderen Messbereiche und Einstellungen, die normalerweise in der Bedienungsanleitung gut erklärt werden.

Digital-Multimeter (Abb. 7.2) haben den Vorteil, dass beim Ablesen des Messwertes keine „Lesefehler" unterlaufen können – was bei einem Analoggerät zumindest während der „Einarbeitung" vorkommen kann. Digital-

Abb. 7.2 Ausführungsbeispiel eines Digital-Multimeters (Foto Conrad Electronic).

Geräte haben jedoch den Nachteil, dass man etwas länger warten muss, bevor das Messgerät den Messwert errechnet hat.

Der Zeiger eines Analog-Messgerätes reagiert dagegen bei schnellen Kontrollmessungen sofort auf die Berührung der Messstelle und beschleunigt damit den Vorgang. Die unmittelbare Reaktion des Zeigers auf Spannung bzw. auf Spannungsschwankungen hat u.a. den Vorteil, dass z.B. bei einer Blinkschaltung der Zeiger deutlich macht, dass in der Schaltung „Leben" ist.

Dies funktioniert zwar nur bei niedrigen Frequenzen (bis ca. 8 Hz), aber für einfachere Experimente oder bei der Suche nach der „richtigen" Ader eines Kabels kann es sich als sehr nützlich erweisen.

Digital-Messgeräte gehobener Preisklassen bieten dagegen wieder diverse zusätzliche Messmöglichkeiten (Kapazität, Induktivität, Frequenz) und sind manchmal kurzschlussfest ausgelegt usw.

Dennoch ist einem unerfahrenen Einsteiger zu empfehlen, dass er sich für den Anfang lieber ein sehr preiswertes Analog-Messgerät zulegt. Falls es durch eine Fehleinstellung des Messbereiches beschädigt wird (was oft nur für den einen in Mitleidenschaft gezogenen Messbereich zutrifft) kann es immerhin z.B. noch als Ohmmeter bzw. für das Messen in den intakten Messbereichen dienen.

Sehr wertvolle Dienste kann bei diversen Experimenten ein Oszilloskop *(Abb. 7.3)* leisten, der in einer preiswerteren Ausführung manchmal kaum mehr als ein gehobener Multimeter kostet. Die Elektronik wird mit seiner Hilfe im wahrsten Sinne des Wortes besser durchschaubar, wenn sich am Bildschirm verfolgen lässt, was in einer Schaltung vorgeht. Dies ist besonders dann von Vorteil, wenn man feststellen möchte, ob und wie z.B. ein Taktgeber, ein Oszillator oder ein Spannungsregler arbeiten o.ä. Zudem werden in der Praxis mit Hilfe des Oszilloskops auch die Spannungen gemessen. Das geht blitzschnell und ist ausreichend genau. Der Multimeter wird dann meistens nur noch für das Messen von Strom und Widerstand benötigt. Dies ist mit einem Oszilloskop nicht möglich.

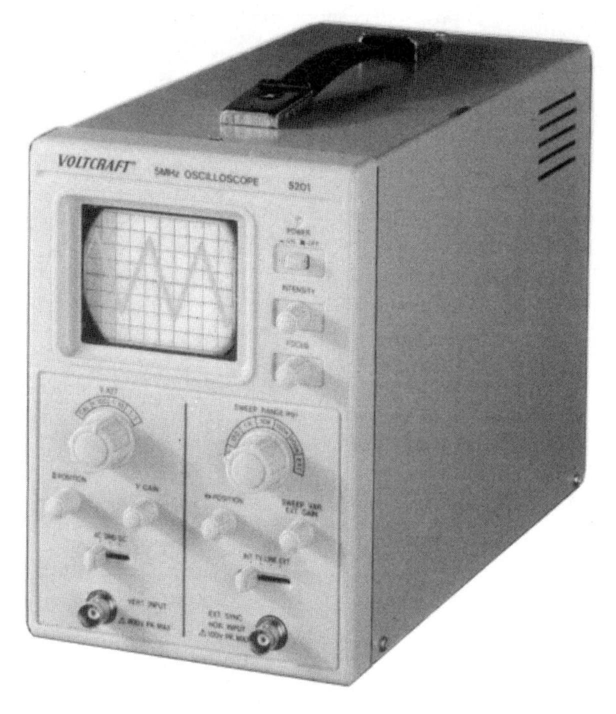

Abb. 7.3 Ein einfacher Oszilloskop (Foto Conrad Electronic).

Ob nun eine Spannung mit einem Multimeter oder mit einem Oszilloskop gemessen wird oder nicht: der voraussichtliche *maximale Spannungsbereich* ist vorher richtig einzustellen. Bei Zweifel stellt man erst einen höheren Spannungsbereich ein und schaltet anschließend auf den ermittelten niedrigeren Bereich um.

Daß die elektrische Spannung auch nur mit einem einfachen *Voltmeter* nach *Abb. 7.4* gemessen werden kann, versteht sich von selbst.

Manchmal erweist sich ein selbständiger *Voltmeter* als sehr praktisch, der z.B. als *Paneelmeter* in ein Selbstbau-Netzgerät mit einstellbarer Ausgangsspannung eingebaut wird.

Bevor mit einem Multimeter Strom gemessen wird, sollte man sich lieber zweimal vergewissern, ob der Multimeter-Drehschalter auch wirklich richtig auf den vorgesehenen Messbereich eingestellt ist (ansonsten verbrennt der fehlerhaft angewendete Messbereich in Sekundenschnelle). Der gemessene Strom muss hier durch das Messgerät fließen. Daher kann normalerweise nur an einem unterbrochenen (auseinandergelöteten) Stromkreis nach *Abb. 7.5* gemessen werden. Der Amperemeter (bzw. ein Multimeter, der als Amperemeter genutzt wird) ist hier in der Form eines Schaltzeichens mit „A“ im Kreis dargestellt (ein ähnliches Schaltzeichen wird für den Volt- oder Ohmmeter verwendet, allerdings mit einem „V“ oder einem „Ω“ im Kreis).

Will (oder kann) man den Stromkreis nicht unterbrechen, lässt sich der Strom nach *Abb. 7.6* ermitteln.

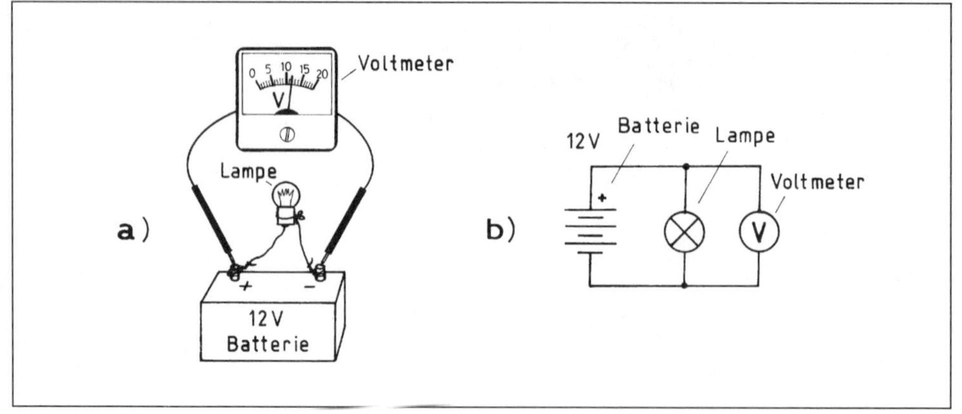

Abb. 7.4 Beim Messen der Batteriespannung mit einem Voltmeter (oder Multimeter), sollte die Batterie immer etwas belastet werden (z.B. mit einer Lampe), andernfalls zeigt sie nur eine „Scheinspannung“ an; a) bildliche Anordnung; b) dasselbe mit Schaltzeichen.

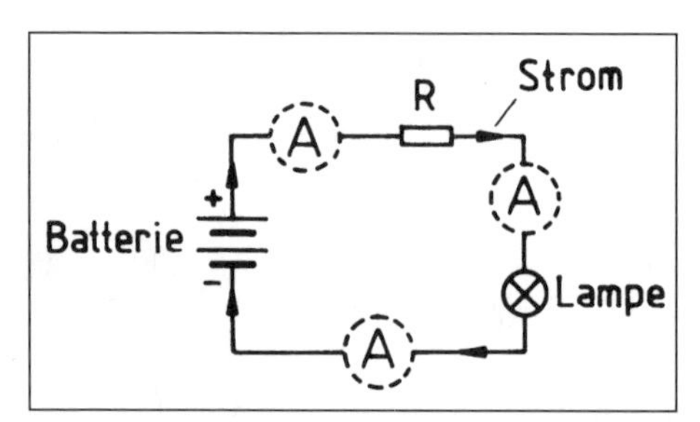

Abb. 7.5 Der Strom, der durch einen Stromkreis „zirkuliert“, ist überall gleich groß; daher kann er – wie gestrichelt eingezeichnet – an beliebigen Stellen dieses Stromkreises gemessen werden. Anstelle der eingezeichneten *Batterie* kann eine beliebige andere Spannungsversorgung eingesetzt werden.

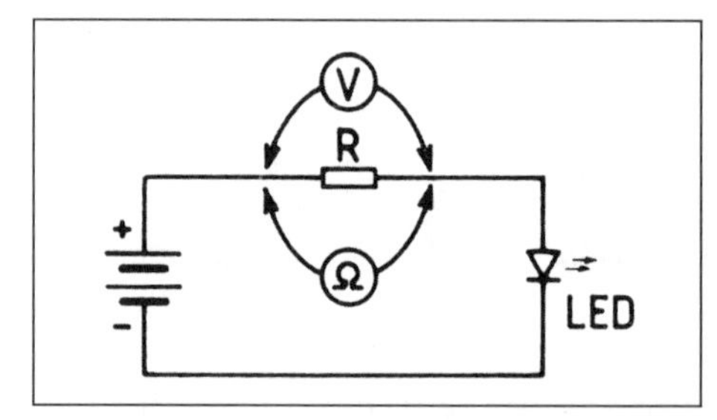

Abb. 7.6 Wenn im Stromkreislauf ein Widerstand vorhanden ist, durch den der Strom, den man ermitteln will, fließt, kann man ihn als „Messwiderstand“ nutzen: erst wird sein Ohmscher Wert, danach der Spannungsabfall (Spannungsverlust), der an ihm entsteht. gemessen. Mit Hilfe der Formel *„Spannung geteilt durch Widerstand ergibt Strom“* lässt sich dann der Strom ausrechnen.

Bemerkung

Der Ohmsche Widerstand wird grundsätzlich nur an abgeschalteten (spannungslosen) Geräten gemessen. Beim Widerstands-Messbereich macht es dem Multimeter nichts aus, wenn dieser versehentlich zu niedrig eingestellt wurde. Man sieht dann ohnehin bei einem Analogmultimeter am Zeiger, welcher Messbereich sich gut ablesen lässt, bzw. am Display eines Digital-Multimeters, welcher Messbereich den Ohmschen Wert am besten wiedergibt.

Nicht vergessen

Ein abgeschaltetes Gerät ist erst dann spannungslos, nach dem sich alle Elkos entladen haben. Dies kann – abhängig von der Schaltung – auch etwas länger dauern (was sich besonders mit einem Analog-Multimeter leicht überprüfen lässt).

Der in Abb. 7.6 vorgeschlagene „Umweg" – bei dem man den Strom nicht direkt misst, sondern aus Spannung und Widerstand ausrechnet – kann in der Praxis auch beim Messen des *Stand-by-Verbrauchs* eines beliebigen Gerätes dienlich sein.

Viele Geräte, die mit *Standby-Elektronik* ausgestattet sind, schalten bei jeder Unterbrechung der Stromzuleitung auf Vollbetrieb um. Man kann hier nicht einfach mit einem Multimeter den *Standby-Strom* direkt messen, weil jedes Ein- oder Umschalten des Messbereiches am Multimeter eine vorübergehende Stromunterbrechung zufolge hat, und der „Verbraucher" (Fernseher) springt dann evtl. vom *Standby-Betrieb* auf Vollbetrieb um. Der gerade eingeschaltete niedrige Multimeter-Messbereich wird dann den Stromstoß nicht verkraften und verbrennt (zumindest bei einem einfachen Multimeter).

Dieses Risiko erspart man sich mit dem angesprochenen Umweg nach *Abb. 7.7.* Anstelle von einem Widerstand kann hier eine normale 230 V/100 W-Haushaltsglühbirne (mit Hilfe von zwei Lüsterklemmen) angeschlossen werden. Danach wird der Fernseher eingeschaltet und auf *Stand-by-Betrieb* umgeschaltet. Nun fließt durch die Glühbirne der *Standby-Strom*, der an ihr einen *Spannungsabfall* (Spannungsverlust) verursacht. Dieser hat z.B. bei unserer Messung 0,42 V betragen.

Der darauffolgende Schritt: der Stecker der „Messvorrichtung" wird aus der Steckdose herausgezogen und danach (erst danach!) wird der Widerstand der „Mess-Glühbirne" gemessen. Bei unserer Messung hatte die (kalte) Glühbirne einen Widerstand von 60,3 Ohm (dies kann jedoch bei einer anderen Glühbirne etwas anders ausfallen).

Wir wissen inzwischen, dass nun mit Hilfe des Ohmschen Gesetzes problemlos der *Stand-by-Strom* ausgerechnet werden kann:

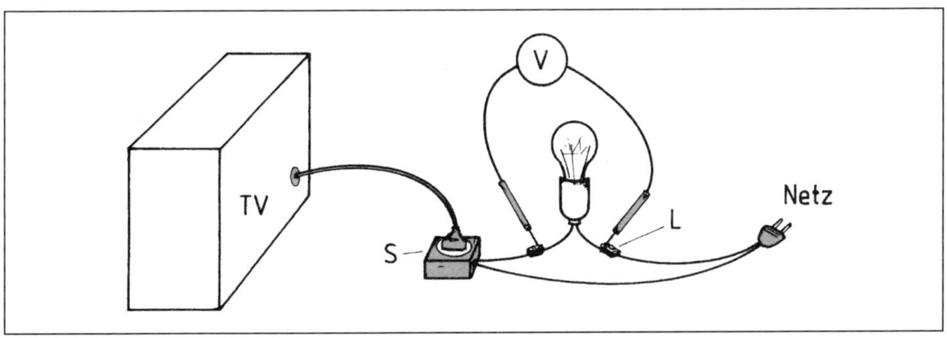

Abb. 7.7 Das Ermitteln des Stand-by-Stromverbrauchs eines Gerätes der Unterhaltungselektronik: eine 100 W-Glühbirne kann hier als „Messwiderstand" fungieren, an dem die Verlustspannung mit einem Voltmeter ermittelt wird.

0,42 V (Spannung) : 60,3 Ω (Widerstand) = 0,007 A (Strom)

So weit, so gut – aber wir brauchen ja nicht den *Stand-by-Strom*, sondern den Stand-by-Verbrauch. Der Verbrauch hängt von der abgenommenen Leistung *(in Wattstunden)* ab. Wie man sie ausrechnet, haben wir schon im 1. Kapitel gelesen:

Spannung (in Volt) × Strom (in Ampere) = Leistung (in Watt)

Als *Spannung* müssen wir nun bei dieser Berechnung die Netzspannung einsetzen, an die der Fernseher angeschlossen ist – also 230 Volt. Nun setzen wir die beiden „Bekannten" in die Formel ein und rechnen die *„Leistungsabnahme"* aus:

230 V (Netzspannung) × 0,007 A (Stand-by-Strom) = 1,61 W (Stand-by-Leistung)

Die hier ausgerechnete *1,61-W-Stand-by-Leistung* ist als „Abnahmeleistung" zu betrachten. Wir brauchen diese Leistung nur mit den vorgesehenen Betriebsstunden zu multiplizieren, um ein Bild über den tatsächlichen Stromverbrauch in *Wattstunden (Wh)* zu erhalten. Wenn wir beispielsweise im Durchschnitt 2 Stunden pro Tag den Fernseher im Voll- und die restlichen 22 Stunden nur im *Stand-by-Betrieb* haben, ergibt sich daraus ein *Stand-by-Verbrauch* von

1,61 Watt x 22 Stunden = 35,42 Wattstunden (Wh) pro Tag.   *Pro Jahr wären es 35,42 (Wh) x 365 (Tage) = 12.751 Wh (12,75 kWh).*

Hinweis: Die auf dieser Buchseite aufgeführten Formeln gelten genau genommen nur für den Gleichstrom. Für Wechselstrom lautet die Formel:

Spannung × Strom × cos φ = Leistung

Das *„cos φ" (cosinus φ)* ist „etwas kleiner" als 1 und bezieht sich auf die Phasenverschiebung, die von dem *„cos φ"* der angeschlossenen „induktiven Last" (wie z.B. eines Netztrafos) abhängt. Dieser Parameter ist jedoch unbekannt und nur mit einem speziellen Messgerät ermittelbar. Bei einfacheren informativen Messungen kann daher das mysteriöse *„cos φ"* einfach weggelassen (bzw. als „1" betrachtet) werden, da es die eigentliche Größenordnung des ermittelten Verbrauchs nur wenig beeinträchtigt (auch in Hinsicht darauf, dass die meisten Messgeräte die Messwerte ohnehin nur mit einer Genauigkeit von ca. ± 3 bis 5% anzeigen).

Viele Hersteller widmen in letzter Zeit dem Stand-by-Verbrauch eine gehobenere Aufmerksamkeit. Bei modernen Produkten – z.B. auch bei Fernsehern – liegt der Stand-by-Verbrauch gegenwärtig bei 0,5 Watt (dürfte aber kurzfristig noch wesentlich niedriger werden).

In der Selbstbaupraxis hat einen „Stand-by-Stromverbrauch" natürlich auch ein jedes Netzgerät, das ständig eingeschaltet ist. Genau genommen hat bereits jeder Türklingeltransformator einen kontinuierlichen Stand-by-Stromverbrauch, weil der Türklingelschaltkreis (aus Sicherheitsgründen) an seinen Sekundär angeschlossen ist. Im „Leerlauf" hat allerdings so ein Transformator nur einen sehr niedrigen Stand-by-Verbrauch.

Was sollte in der Elektronik gemessen werden?

Zu den wichtigsten Messungen gehört an erster Stelle die Kontrolle der Speisespannung, an die z.B. eine gerade erstellte Schaltung angeschlossen werden soll.

Falls als Spannungsquelle ein neu erstelltes Eigenbau-Netzteil (oder ein selbstständiges Netzgerät) vorgesehen ist, genügt es, wenn man die Spannung an seinem Ausgang (am Ausgang des Spannungsreglers) kontrolliert.

Ein Netzteil-Transformator zeigt an einem unbelasteten Sekundär eine höhere (allerdings nur eine „etwas höhere“) Spannung als er unter Belastung aufweist. Eine provisorische Belastung nach Abb. 7.4 kann bei Bedarf ein genaueres Bild über seine tatsächliche Spannung liefern.

Bei der Messung der Ausgangsspannung eines neu erstellten Netzteiles werden Sie möglicherweise feststellen, dass die Spannung an dem Festspannungsregler von der theoretisch vorgesehenen Spannung etwas abweicht. Der Grund liegt darin, dass sowohl die preiswerteren Spannungsregler als auch normale Zenerdioden gewisse Herstellungstoleranzen aufweisen, die man normalerweise in Kauf nimmt (da diese üblicherweise der Elektronik nichts ausmachen).

Soweit nur mit einem Multimeter – und nicht mit einem Oszilloskop – gemessen wird, lässt sich nur die Höhe, aber nicht die Qualität der Ausgangsspannung am Spannungsregler kontrollieren.

Unter dem Begriff „Qualität“ wird hier vor allem verstanden, dass die Gleichspannung (am Ausgang des Spannungsreglers) keine sichtbaren Reste (Rillen) von den ursprünglichen 100 Hz-Spannungsimpulsen beinhaltet, die der Brückengleichrichter liefert. Am Bildschirm eines Oszilloskops kann man sehen, ob die vom Spannungsregler gelieferte Gleichspannung auch wirklich „perfekt“ ist (was besonders beim Fehlersuchen von Vorteil sein kann).

Natürlich schafft man sich einen Oszilloskop nicht nur wegen der Gleichspannungskontrolle an. Mit seiner Hilfe können auch viele Vorgänge gesehen werden, die andernfalls nur vage vorstellbar sind. Schon ein einfacherer Oszilloskop (in der Preisklasse von DM 200,– bis 300,–) ermöglicht Einsichten in Funktionen, die auf eine andere Weise nicht nachvollziehbar sind.

Ob es nun empfehlenswert ist, dass sich ein Anfänger gleich einen Oszilloskop zulegt, dürfte vor allem davon abhängen, wofür er sonst sein Geld ausgibt, oder was er mit der Elektronik vor hat. Wir nehmen nun mit dieser Überlegung von diesem Kapitel Abschied. Wer mehr über das Messen in der Elektronik wissen möchte, dem empfehlen wir zusätzliche Fachliteratur, die im Buchhandel (oder in den Büchereien) zur Verfügung steht.

8

Schalten in der Elektronik

Die Auswahl an handelsüblichen Schaltern, Tastern und Schaltgeräten ist in der Elektronik sehr groß. Soweit es sich um rein mechanische Schalter handelt, braucht ihre Funktion nicht speziell erklärt zu werden, weil sie allgemein bekannt ist. Hier genügt es zu wissen, was es überhaupt alles gibt. Darüber kann man sich am einfachsten mit Hilfe eines Elektronik-Versandkatalogs kundig machen (siehe hierzu den Lieferantennachweis am Buchende).

Abb. 8.1 Zu den weniger bekannten Präzisionsschaltern gehören die sogenannten *Mikroschalter.* Sie reagieren haargenau bereits auf die winzige Bewegung eines Gegenstandes, der ihren Hebel mechanisch drückt und können als Endschalter, Positionsschalter oder alarmgebende Schalter angewendet werden.

Etwas erklärungsbedürftig sind dagegen einige der nun folgenden speziellen und weniger bekannten Schalter und Schaltbausteine, die auch in einfacheren Schaltungen angewendet werden können (oder müssen) und deren Funktion nicht eindeutig klar ist.

Zungenschalter (Reedschalter) und Zungenrelais

Zungenschalter (Reedschalter) und Zungenrelais schalten ein (oder um), wenn auf sie ein magnetisches Feld nach *Abb. 8.2* einwirkt. Sie sehen aus wie Widerstände, aber ihr Körper ist aus Glas. Sie schalten „berührungslos", leise und anstelle des Dauermagneten kann ein Elektromagnet verwendet werden. Somit entsteht ein sogenanntes *Zungenrelais* nach *Abb. 8.3*. Ein Zungenrelais ist im Prinzip ein *elektromagnetisches Relais,* dessen Schaltkontakte als Zungenschalter ausgelegt sind.

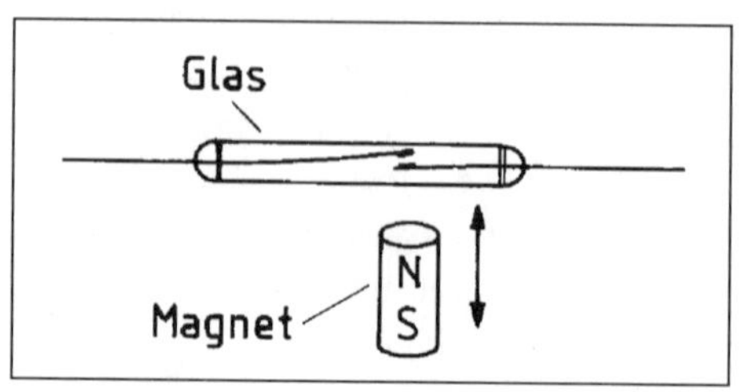

Abb. 8.2 Ausführungsbeispiel eines Zungenschalters.

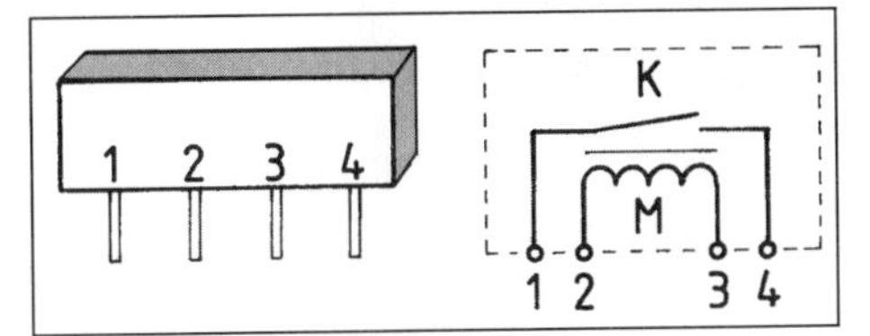

Abb. 8.3 Links: Ausführungsbeispiel eines Zungenrelais im Kunststoffgehäuse; Rechts: Prinzip der Anordnung; *K* = Zungenkontakt, *M* der Elektromagnet, der den Kontakt magnetisch anzieht und schließt, wenn an seine Spule Gleichspannung angeschlossen wird.

Wozu kann so ein Relais gut sein? Ein Relais ist nichts anderes, als ein Schalter, der fernbedient werden kann und bei dem ein niedriger Strom und eine niedrige Spannung genügen, um mit Hilfe eines Elektromagneten (der Relaisspule) das Schalten von beliebig großen Leistungen zu bewerkstelligen – soweit es typenbezogen die Schaltkontakte verkraften (was aus den technischen Daten hervorgeht).

Elektromagnetische Relais

Elektromagnetische Relais unterscheiden sich von Zungenrelais im Prinzip nur dadurch, dass sie anstelle von magnetischen Zungenkontakten nur mechanisch federnde Kontakte *K* (z.B. aus Phosphorbronze) nach *Abb. 8.4* haben. Diese Kontakte sind sehr robust, können daher wesentlich höhere Ströme und Spannungen als die Zungenschalter bewältigen, müssen jedoch etwas kräftiger – mit Hilfe einer größeren Magnetspule *S* – betätigt werden. Dies geschieht dadurch, dass ein Polansatz *P* die Relaiskontakte gegeneinander andrückt (nach Beispiel a), voneinander wegdrückt (nach Beispiel b) oder umschaltet (nach Beispiel c).

Wichtig

Soweit ein elektromagnetisches Relais von einem elektronischen Schaltkreis aus betätigt wird, muss nach Abb. 8.4d *unbedingt* eine Schutzdiode (z.B. Type *1 N 4002*) parallel zu der Relaisspule angeschlossen werden – falls sie nicht bereits der Hersteller im Relais untergebracht hat. Sie schützt den Transistor (bzw. das IC) – an dem die Relaisspule angeschlossen ist – vor zu hohen Stromstößen. Einige praktische Schaltbeispiele mit elektromagnetischen Relais wurden bereits in vorhergehenden Kapiteln aufgeführt (wie z.B. im Schaltbeispiel 3.46 auf S. 48).

Vor dem Kauf eines Relais ist auf folgende technische Parameter zu achten:

a) *Nennspannung:* wird z.B. als *6 V* oder *12 V*, bei manchen Relais evtl. als *„4 bis 7 V"* oder *„9 bis 14 V"* (oder ähnlich) angegeben;
b) *Widerstand der Relaisspule:* wird z.B. als *150 Ω* oder *800 Ω* angegeben. Daraus lässt sich der Spulenstrom ausrechnen, den z.B. das Steuer-IC aufbringen muss. Beispiel: Die vorgesehene Speisespannung wird *12 V* betragen. Das im Katalog ausgesuchte Relais hat einen *Spulenwiderstand* von 800 Ω. Laut Ohmschem Gesetz ergibt dies *12 V : 800 Ω = 0,015 A (= 15 mA).* Das angewandte IC müsste an seinem Steuerausgang (oder „Schaltausgang") einen Strom von mindestens 15 mA verkraften können. Die *maximale Strombelastung*, die bei dem angewendeten IC laut seiner techni-

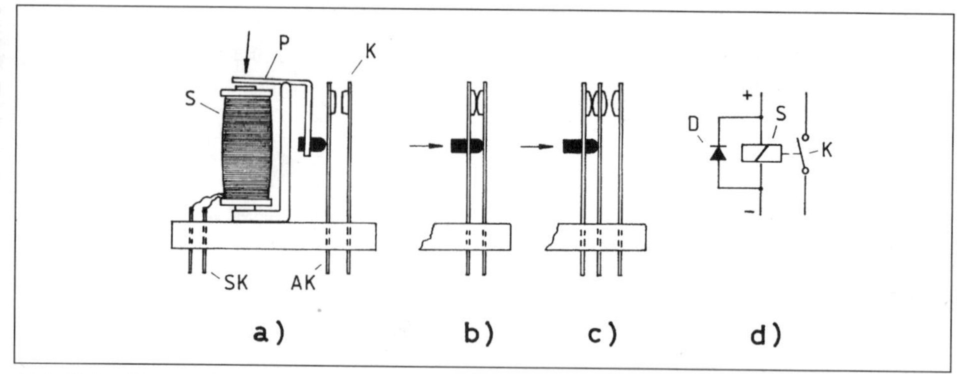

Abb. 8.4 Konstruktionsprinzip eines einfachen (monostabilen) elektromagnetischen Relais: a) Wenn die Anschlüsse *(SK)* der Spule *S* an eine vorgegebene Gleichspannung angeschlossen werden, wird ihr magnetisch leitender Kern zu einem Elektromagneten, der Polansatz *P* wird in der Pfeilrichtung angezogen und damit die Kontakte *K* geschlossen; ein solches Relais wird als *„Schließer"* bezeichnet; b) Die Relaiskontakte können alternativ auch so angeordnet sein, dass sie in der Ruheposition geschlossen sind und bei Betätigung des Relais „auseinandergedrückt" werden (so ein Relais heißt *„Öffner"*); c) viele Relais sind mit 3 Kontakten ausgelegt und der mittlere Kontakt hat die Funktion eines Umschalters; d) Schaltzeichen eines Relais mit einer zusätzlichen Schutzdiode (siehe Text).

schen Daten nicht überschritten werden darf, ist als eine **Höchstgrenze** zu betrachten, zu der man einen „angemessenen" Sicherheitsabstand einhalten sollte. Vor allem in Hinsicht auf den Stromstoß, der beim Schalten von Relais (sowie auch von Glühlämpchen) entsteht.

Ein Relais, dessen Spulenstrom bei Dauerbetrieb z.B. nur ca. 12 mA beträgt, kann (erprobt) einen elektronischen Schaltkontakt (Gatter) des ICs *4066 (aus Abb. 8.7)* zerstören – obwohl hier der Schaltstrom laut Hersteller „max. 25 mA" betragen darf. Dies lässt sich bei diesem IC dadurch beheben, dass zwei seiner Schalter einfach parallel miteinander verbunden werden (z.B. Pin 1 mit Pin 4, Pin 2 mit Pin 3 und Pin 5 mit Pin 13). Das Schaltstrom-Maximum erhöht sich dadurch auf 50 mA und das IC verkraftet somit die Stromstöße, die beim Schalten einer Relaisspule entstehen (beim Schalten von LEDs kommt es zu keinem derartigen Stromstoß und ein IC kann daher bis zu etwa 3/4 seiner max. Strombelastung beansprucht werden – insofern es sich dabei nicht zu sehr aufheizt).

c) *Max. Schaltspannung (der Relaiskontakte):* wird z.B. als *125 V ~/110 V =* (oder als *125 V AC/110 V DC*) im Katalog angegeben.
d) *Max. Schaltstrom (der Relaiskontakte):* wird z.B. als *„12 A"* angegeben.
e) *Anzahl der Kontakte:* wird z.B. als *„2 Wechselkontakte"* oder auch nur abgekürzt als *„2 x UM"* angegeben.

Zusätzlich ist bei der Auswahl des vorgesehenen Relais darauf zu achten, ob es sich um ein *monostabiles* oder *bistabiles Relais* handelt. Die meisten Relais sind als *monostabile Relais* nach Abb. 8.4 ausgeführt. Sie halten ihre

Schaltkontakte nur dann geschlossen, wenn die Relaisspule unter Strom steht (unabhängig von der Polarität). *Bistabile Relais* sind dagegen so ausgelegt, dass sie zum Ein- oder Ausschalten nur einen kurzen Spannungsimpuls benötigen und weiterhin keinen Haltestrom verbrauchen.

Zu den *bistabilen Relais* gehören die *Stromstoßrelais*. Sie werden mit Vorliebe auch bci elektrotechnischen Installationen zum Schalten von Leuchtkörpern (von mehreren Stellen aus) verwendet, werden jedoch auch nach *Abb. 8.5* in elektronischen Schaltungen eingesetzt. Tasten *T1* bis *T3* können durch elektronische Schaltkontakte ersetzt werden.

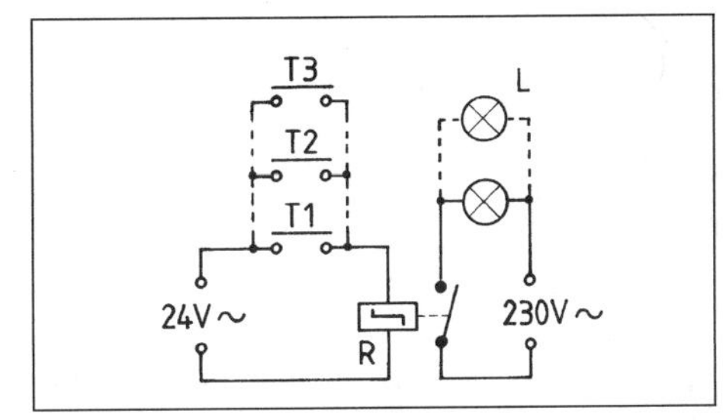

Abb. 8.5 Anwendungsbeispiel eines Stromstoßrelais (Stromstoßschalters): Sobald das Stromstoßrelais *R* von einer der Tasten *T1* bis *T3* einen kurzen Stromimpuls erhält, reagiert es darauf mit einem „Kugelschreiberprinzip-Schaltvorgang".

Auch ein „normales" monostabiles Relais lässt sich jedoch mit Hilfe von einem *„Haltekontakt"* (nach *Abb. 8.6*) dazu bringen, dass ihm ein kurzer Schaltimpuls genügt, um einzuschalten und in dieser Position solange zu verharren, bis eine Betätigung der *Taste »AUS"* erfolgt. Anstelle der *EIN*- und *AUS-Tasten* können z.B. zwei winzige Zungenrelais eingesetzt werden, die von einer beliebigen Schaltung aus mit Spannungsimpulsen rein elektronisch betätigt werden.

Elektronische Schalter

Im Kap. 3 wurde bereits erklärt, wie ein einfacher Transistor oder das Timer-IC *NE 555* als elektronische Schalter genutzt werden können. Nun sehen wir uns die Anwendungsmöglichkeiten von einigen elektronischen

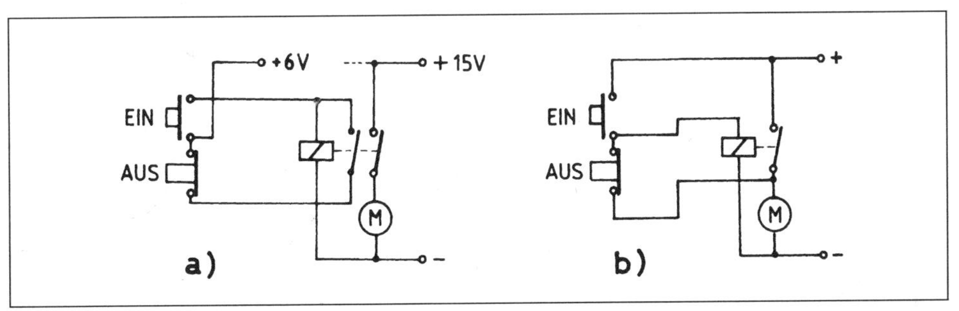

Abb. 8.6 Schaltbeispiel einer Relaisschaltung mit *„Haltekontakt"*: a) Wenn der geschaltete „Verbraucher" – z.B. ein kleiner Elektromotor *M* – eine andere Spannung als das Relais benötigt, muss das Relais zwei Arbeitskontakte haben, wovon der eine nur als „Haltekontakt" genutzt wird (es sei denn, in Serie mit der Relaisspule wird eine entsprechende Zenerdiode angebracht); b) Wenn nur eine einheitliche Spannung angewendet wird, kann der Relaiskontakt sowohl zum Schalten des Verbrauchers als auch als Haltekontakt benutzt werden.

Bausteinen an, die speziell als elektronische Schalter konzipiert sind.

Zu den preiswertesten und bekanntesten elektronischen Schaltern gehört das Schalt-IC *4066*: Es beinhaltet gleich vier voneinander unabhängige Schalter nach *Abb. 8.7*, die allerdings nur für einen Schaltstrom von max. 25 mA (pro Schalter) ausgelegt sind. Zudem darf auch die geschaltete Spannung nicht höher sein als die vorgesehene Speisespannung des Schalt-ICs (die zwischen 3 und 18 V liegen muss).

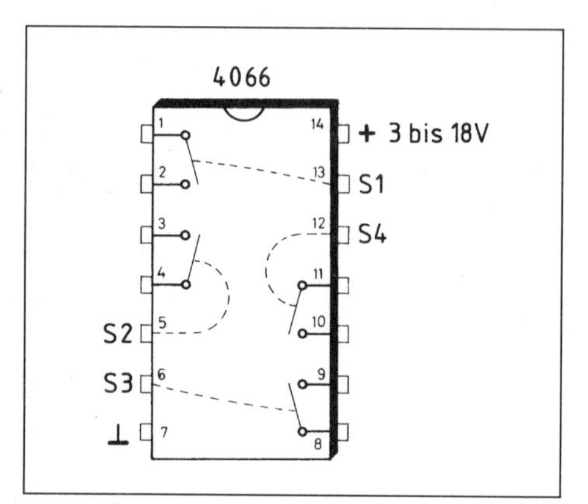

Abb. 8.7 Die Anordnung der voneinander unabhängigen Schaltkontakte des ICs 4066.

Dieses IC wird in diversen Bauanleitungen mit Vorliebe zum Schalten von Audiosignalen benutzt, kann jedoch Frequenzen bis zu 65 MHz schalten. *Abb. 8.8* zeigt ein nachbauleichtes Schaltbeispiel, bei dem einer der vier Schalter (Gatter) als *Haltekontakt* angewendet wird.

In der Praxis werden oft auch „normale" Transistoren als elektronische Schalter angewendet. Man setzt sie z.B. an Ausgänge von zu „schwachen" ICs, um „größere" Verbraucher schalten zu können. Ein praktisches Beispiel zeigt Abb. 9.3 im folgenden Kapitel.

Elektronische Relais

Elektronische Relais gehören zu den modernen Schaltbausteinen und funktionieren nach außen eigentlich auf dieselbe Art und Weise wie die herkömmlichen magnetischen Relais – auch wenn das „Innenleben" ganz anders ausgelegt ist.

Die Anwendung der elektronischen Relais ist sogar vielen erfahrenen Elektronikern etwas unheimlich, weil man bei diesem Baustein keine bewegenden Teile sieht – im Gegensatz

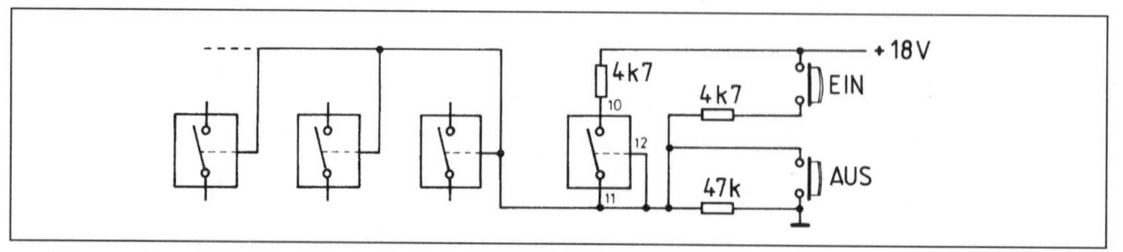

Abb. 8.8 Schaltbeispiel des ICs *4066* in der Funktion eines Ein-/Ausschalters, dem anstelle eines kurzen Antippens der Taste „EIN" auch nur ein kurzer Spannungsimpuls genügt. Der rechts eingezeichnete Schalter fungiert hier als Haltekontakt. Somit bleiben in diesem IC noch 3 Schaltkontakte zur Verfügung ; die Anzahl der Schalter kann jedoch mit weiteren ICs 4066 ausgebreitet werden. Nicht benutzte Ein- und Ausgänge sind über einen ca. 22 k-Widerstand mit der Masse zu verbinden.

zu einem einfachen elektromagnetischen Relais. Wenn man aber weiß, worum es sich hier handelt, wird die Anwendung dieser Relais kinderleicht.

Abb. 8.9 zeigt die Anordnung des Innenlebens solcher *„Halbleiterrelais"*. Als Auslöser des *Schaltbefehls* fungiert hier eine im Relais eingebaute LED, die „berührungslos" einen Fototransistor ausleuchtet. Dieser wiederum leitet den Schaltbefehl als „Empfänger" an einen Verstärker weiter, der einen Schalttransistor oder einen *„Triac"* steuert.

Gegenüber einem elektromagnetischen Relais hat diese Lösung viele Vorteile. Es entfallen die nicht allzu strapazierfähigen mechanischen Relaiskontakte, zudem schaltet bei einem Wechselstrom-Lastrelais ein „Nullspannungsschalter" exakt in dem Augenblick das Relais ein, in dem die Wechselspannungshalbwelle gerade ihren „Spannungs-Tiefpunkt" erreicht hat. Da als Auslöser des Schaltbefehls nur eine im Relais eingebaute LED fungiert, genügt hier eine sehr niedrige Schaltspannung sowie auch ein niedriger Schaltstrom zum Auslösen eines Schaltvorganges.

Bei der Anwendung eines solchen Relais ist vor allem darauf zu achten, ob seine im Steuerkreis integrierte LED bereits einen Vorwiderstand hat oder nicht (das geht aus den technischen Daten hervor). Ansonsten behandelt man den „Steuereingang" schlicht als eine LED-Leuchte und richtet sich dabei nur nach der Herstellerangabe. Diese bezieht sich entweder auf den benötigten LED-Strom (von z.B. „15 mA"), oder es wird nur eine Steuerspannung (von z.B. 3 bis 24 V) verlangt. Im ersten Fall muss mit einem zusätzlichen Vorwiderstand der LED-Strom entsprechend eingestellt werden, im zweiten ist nur die Steuerspannung einzuhalten.

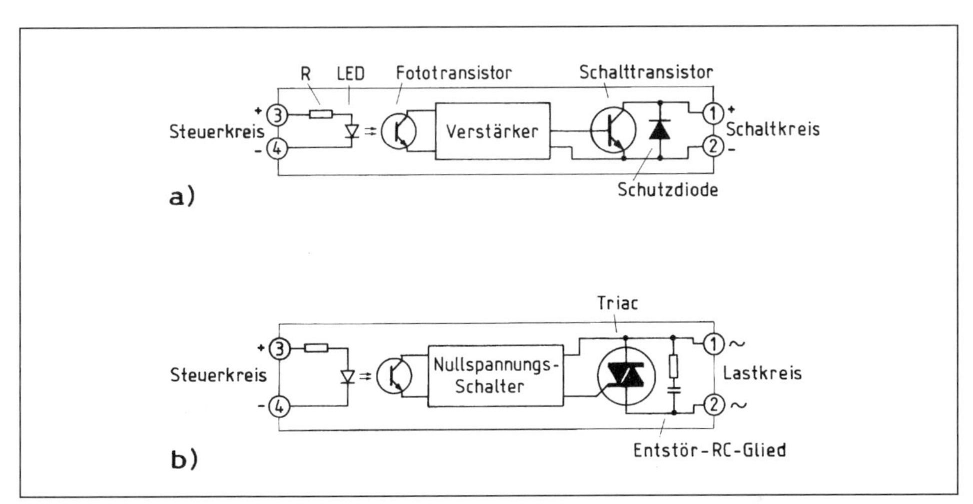

Abb. 8.9 Grundschaltungen gängiger elektronischer Lastrelais: a) ein Gleichstrom-Schaltrelais; b) ein Wechselstrom-Schaltrelais. Bemerkung: Im Steuerkreis beider Relais ist hier in Reihe mit der *LED* ein Vorwiderstand *R* eingezeichnet, der jedoch typenabhängig in manchen elektronischen Relais fehlt.

9 Taktgeber und Ringzähler

Wer sich etwas Zeit genommen hat, um mit Muse dieses Büchlein bis hierher durchzulesen – und dabei eventuell einige der Schaltbeispiele nachgebaut hat, für den sind viele „Geheimnisse“ der Elektronik nun gar nicht mehr so geheimnisvoll. Dabei spielt es keine besondere Rolle, wieviel man sich von dem Inhalt merken konnte. Das lässt sich mit der Zeit ganz automatisch mit praktischem Experimentieren ausbauen.

Ein besonders interessantes experimentelles Gebiet bilden die *Ringzähler.* Ringzähler gibt es in der Regel als ICs, die von außen aus mit Taktgebern (oder mit anderen Impulsgebern) angetrieben werden.

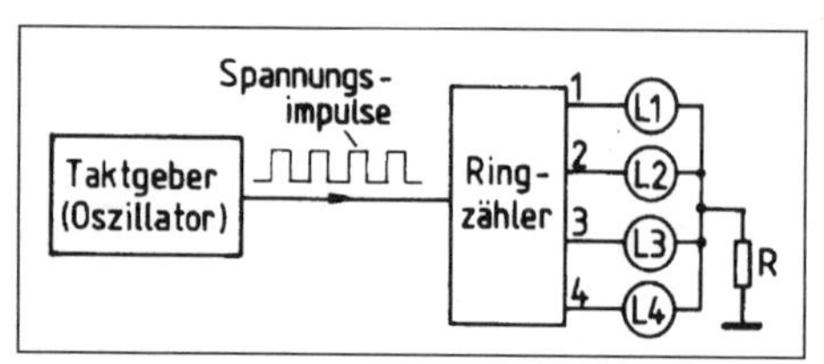

Abb. 9.1 Funktionsprinzip eines Ringzählers: Widerstand *R* fungiert hier als gemeinsamer Vorwiderstand für die Lämpchen *L1* bis *L4*, die nur einzeln nach und nach aufleuchten.

Die Funktion eines Ringzählers lässt sich mit Hilfe des Funktionsprinzips in *Abb. 9.1* leicht erklären: Wenn dem Ringzähler an seinem „Eingang“ richtig aufbereitete *Spannungsimpulse* zugeführt werden, gibt er in demselben „Takt“ nach und nach an seinen *„Schaltausgängen“ (Nr. 1 bis 4)* positive Spannungsimpulse aus. Schließt man an jedem dieser *Schaltausgänge* z.B. ein *Lämpchen (L1 bis L4)* an, dann verhält sich ein „laufender“ *Ringzähler* folgenderweise:

Wenn er von außen – in diesem Fall von dem *Taktgeber* – den 1. Impuls erhält, leuchtet das Lämpchen *L1* auf. In dem Moment, in dem er den 2. Impuls bekommt, schaltet er das Lämpchen L1 aus und das Lämpchen *L2* ein. Bei dem darauffolgenden Impuls „springt das Licht“ von Lämpchen *L2* auf *L3*, beim weiteren (vierten) Impuls 4 „springt das Licht“ von *L3* auf *L4* um, beim nächsten Impuls leuchtet hier wieder das Lämpchen *L1* auf. Der ganze Vorgang wiederholt sich „im Kreis“ solange weiter, wie der Taktgeber die benötigten Schaltimpulse liefert.

Wir haben bereits im 3. Kapitel Bekanntschaft mit Blinkschaltungen gemacht, bei denen abwechselnd zwei Lämpchen blinkten. Oft braucht man aber eine Schaltung, bei der mehrere Lämpchen – oder auch andere „Verbraucher“ – nach und nach geschaltet werden. Dafür eignet sich dann ein *Ringzähler.*

Bei dem Ringzähler in Abb. 9.1 haben wir einfachheitshalber nur vier Ausgänge eingezeichnet. Der integrierte *Ringzähler (Dezimalzähler) Type 4017* hat zehn Ausgänge. Das ermöglicht uns ein kleines Glücksrad nach *Abb. 9.2* zu erstellen, in dem zehn Leuchtdioden als „nach und nach leuchtende Punkte“ im Kreis angeordnet sind. Da das angewendete IC einen Ausgangsstrom von maximal 10 mA verkraftet, dürfen hier nur

„LOW-CURRENT-LEDs" eingelötet werden (sie benötigen einen Strom von nur 2 bis 4 mA).

Um die Schaltung nachbauleicht zu gestalten, wählten wir hier eine bildliche Darstellung. Leider war es den „Schöpfern" dieses ICs nicht möglich, die Ausgänge der nacheinander folgenden Ausgangsimpulse in einer Reihenfolge zu gestalten, die mit dem IC-Füßchen *Nr. 1* anfängt und am Füßchen *Nr. 10* endet. So muss man damit zurecht kommen, daß dieses IC seinen ersten *Ausgangsimpuls* (an die *LED Nr. 1*) vom Füßchen *Nr. 3* liefert, den folgenden Impuls (etwas irreführend) vom Füßchen *Nr. 2*, den dritten Impuls (an die LED *Nr. 3*) vom Füßchen *Nr. 4* usw. Im Schaltplan (Abb. 9.2) lässt sich aber dennoch alles gut nachvollziehen.

Das *IC 4017* benötigt natürlich eine Speisespannung, an die es mit seinen *Füßchen Nr. 8 (Masse)* und *Nr. 16 (+ 12 Volt)* in *Abb. 9.2* angeschlossen ist.

Wie bereits anhand der Prinzipschaltung in Abb. 9.1 erklärt wurde, braucht ein solcher Ringzähler weiterhin einen Taktgeber, der sich am leichtesten mit dem *IC 4093* erstellen lässt: Ein 10 k-Widerstand, ein *470 k-Potentiometer (Einstellregler)*, ein kleiner *Elektrolytkondensator* – und der Taktgeber ist fertig.

Da bei diesem „Glücksrad" jeweils nur eine der LED leuchtet, genügt es, wenn für alle 10 LEDs ein gemeinsamer Vorwiderstand angewendet wird, dessen Optimalwert sich mit dem Einstellpotentiometer P1 einstellen lässt.

Der in Abb. 9.2 eingezeichnete Taktgeber arbeitet normalerweise auf Anhieb. Für evtl. Experimente – oder auch für das „exaktere" Einstellen des LED-Stroms *(mit P1)* kann hier der *1µ/16V-Elektrolytkondensator* provisorisch mit einem zweiten 47µ-Elko überbrückt

Bemerkung

Vor der Inbetriebnahme des Glücksrades sollte erst eine der LEDs über einen 10 k-Vorwiderstand und dem *P1* (4k7) probeweise direkt an den 12 V-Ausgang des Festspannungsreglers *P1* angeschlossen und auf eine brauchbare Lichtintensität eingestellt werden. Später kann die Lichtintensität der LEDs noch exakter mit Hilfe eines Multimeters (mA/DC-Bereich) auf den vom Lieferanten angegebenen LED-Strom eingestellt werden (dieser ist bei roten und gelben LOW-current-LEDs auf max. ca. 2 mA, bei grünen auf max. ca. 4 mA einzustellen).

werden. Damit wird die Taktfrequenz sehr langsam, und man kann einerseits mit Hilfe eines einfachen Analogmultimeters an seinem „pulsierenden" Zeiger sehen, dass der Taktgeber arbeitet. Zudem ist der Takt derartig langsam, dass sich der Stromverbrauch der LEDs (zwischen *P1* und *Masse*) messen lässt.

Wenn mit diesem Ringzähler-IC Verbraucher geschaltet werden sollen, die einen höheren Stromverbrauch (als ca. 8 mA) haben, muss man an jeden der *Schaltausgänge* einen zusätzlichen „Schalttransistor" nach *Abb. 9.3* anbringen. Bei unserem in Abb. 9.2 aufgeführten Glücksrad wären z.B. 10 zusätzliche Schalttransistoren fällig, wenn anstelle der empfohlenen *LOW-CURRENT-LEDs* nur normale 20 mA-Standard- oder „superhelle"-LEDs (oder auch Glühlämpchen) verwendet werden. Der in Abb. 9.3 eingezeichnete Transistor *Type BC 547 B* kann einen Strom von bis zu 0,2 A schalten. Bedarfsbezogen kann man anstelle eines Lämpchens jeweils auch ein Relais (z.B. Zungenrelais) betätigen, dessen Schaltkontak-

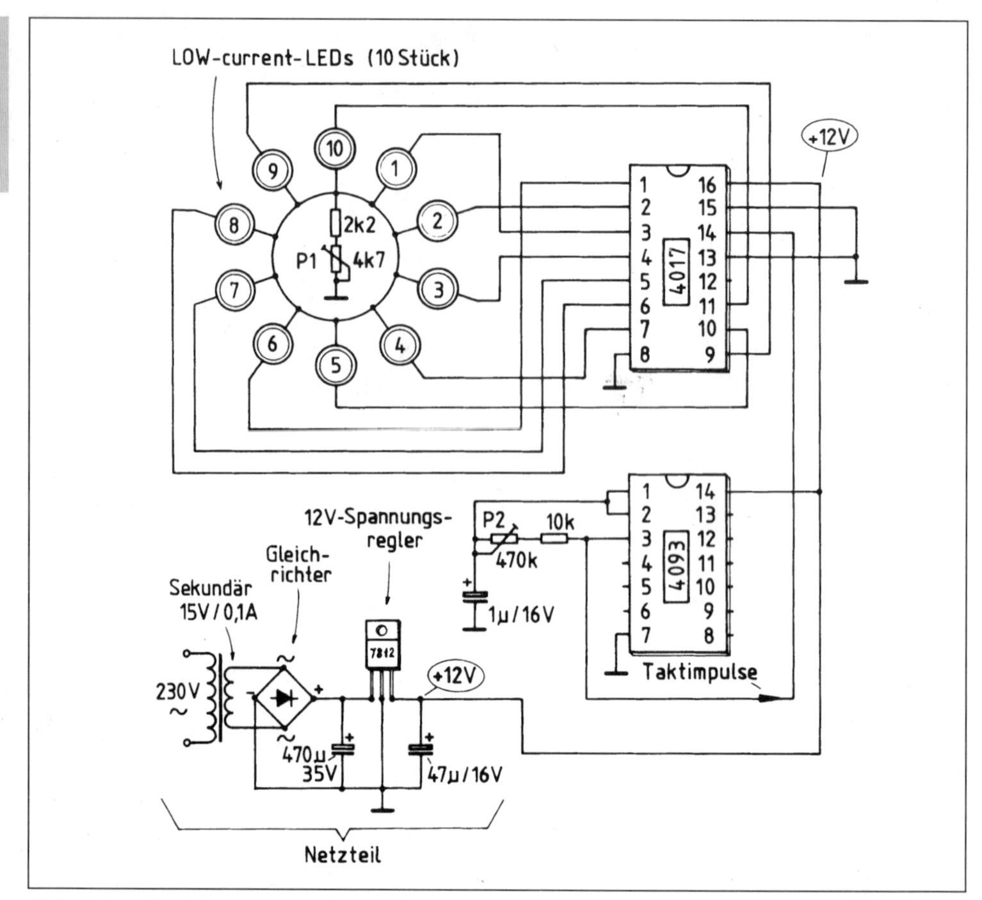

Abb. 9.2 Nachbauleichtes Schaltbeispiel eines einfachen Glücksrades mit nur zwei ICs; anstelle des eingezeichneten Netzteiles kann eine ca. 9 V- bis 12 V-Batterie verwendet werden. Als Brückengleichrichter eignet sich für das Netzteil z.B. die Type B40C800. Als 12 V-Spannungsregler ist die Type 78L12 oder 7812 besonders vorteilhaft. Der Sekundär des Trafos muss die vorgesehene Stromabnahme berücksichtigen (in diesem Fall reichen die 0,1 A auch für Glücksräder, die mit beliebig vielen 20 mA-Standard-LEDs – und zusätzlichen Schalttransistoren – bestückt sind).

te auch eine wesentlich höhere Belastung (und Spannung) verkraften.

Es versteht sich von selbst, dass so ein Ringzähler nicht nur Glücksräder, sondern auch andere Leuchteffekte, kaleidoskopische Lichtmosaiken oder Leuchtanzeigen antreiben kann. Wenn diese mit LEDs aufgebaut sind, können an den *Transistor BC 547* ziemlich viele LEDs seriell-parallel angeschlossen werden. *Abb. 9.4* zeigt ein Schaltbeispiel von LED-Pfeilen, die z.B als Lauflichter in die Schaltung nach Abb. 9.2 (anstelle des leuchtenden Kreises) eingesetzt werden können. Pro Ausgang gäbe es

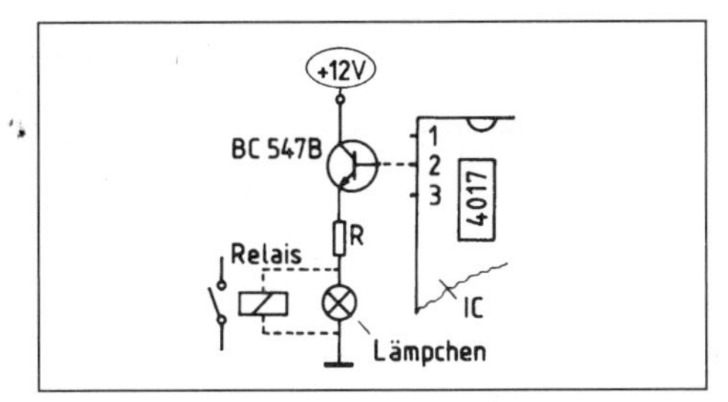

Abb. 9.3 Ein zusätzlicher Transistor (pro *Ringzählerausgang*) ermöglicht das Schalten von höheren Leistungen. Bemerkung: Wenn Relais angewendet werden, in denen keine Schutzdioden integriert sind, müssen diese zusätzlich noch parallel zu den einzelnen Relais angebracht werden (siehe Kap. 8).

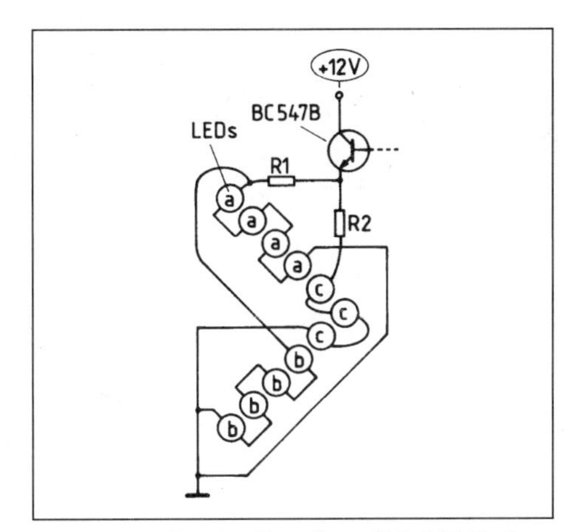

Abb. 9.4 Da der Transistor BC 547 B einen Strom von bis zu 200 mA schalten kann, dürfen an ihn bedenkenlos bis zu etwa 9 parallel verschaltete Reihen mit *Standard-LEDs* angeschlossen werden (was einen Strom von ca. 9 x 20 mA ergibt). Zudem können – in Hinsicht auf die Speisespannung – jeweils auch mehrere LEDs in Reihe geschaltet werden.

dann je einen Transistor mit 11 Standard-LEDs. In diesem Schaltbeispiel dient der *Vorwiderstand R1* für die LED-Sektionen *„a"* und *„b"*, der *Vorwiderstand R2* für die restlichen 3 LEDs der Sektion „c". Die benötigten Werte sind entweder mit Hilfe des Ohmschen Gesetzes auszurechnen oder probeweise zu ermitteln. Wir gehen hier von max. ca. 2,5 V pro LED aus – was einen Spannungsbedarf von insgesamt 10 V bei den Sektionen *„a"* und *„b"* bzw. 7,5 V bei der Sektion *„c"* darstellt.

Wer ein größeres leuchtendes Glücksrad oder ein „echtes" Roulette bauen möchte, dem wird ein Kreis mit „nur" 10 Leuchtpunkten nicht genügen. Kein Problem! Die *ICs 4017* lassen sich in einer fast unbeschränkten Länge miteinander so durchverbinden, dass sie zu einem einzigen „Ringzähler" werden, der z.B. auch 100 oder mehr *Schaltausgänge* hat. Wie man so etwas macht, zeigt *Abb. 9.5*.

An der eigentlichen Grundschaltung aus Abb. 9.2 bis 9.4 ändert sich dabei nicht viel. Es werden hier einfach drei ICs 4017 angewendet und wie die Waggons einer Modelleisenbahn aneinander gekoppelt. Als „Kupplung" zwischen dem ersten und zweiten IC fungieren hier die zwei Dioden *D1/D2* und der mit ihnen verbundene *10 k-Widerstand* (am IC-Füßchen *Nr. 14*). Dieselbe Kupplung wiederholt sich zwischen dem 2. und 3. *Ringzähler-IC (Dioden D3/D4 und ebenfalls ein Widerstand 10 k).*

Wie eingezeichnet, stehen bei dieser Schaltung nicht mehr die ursprünglichen 10 *Schaltausgänge*, sondern nur noch 9 bzw. 8 pro IC zur Verfügung. Zudem ist jedes der ICs geringfügig anders verschaltet. Das hängt aber nur mit seiner „Funktion" zusammen. Das erste IC bildet die „Lokomotive" des ganzen Zuges, das dritte IC den „letzten Waggon". Dazwischen kann eine beliebig große Zahl weiterer ICs angebracht werden, die auf dieselbe Weise wie das mittlere IC angeschlos-

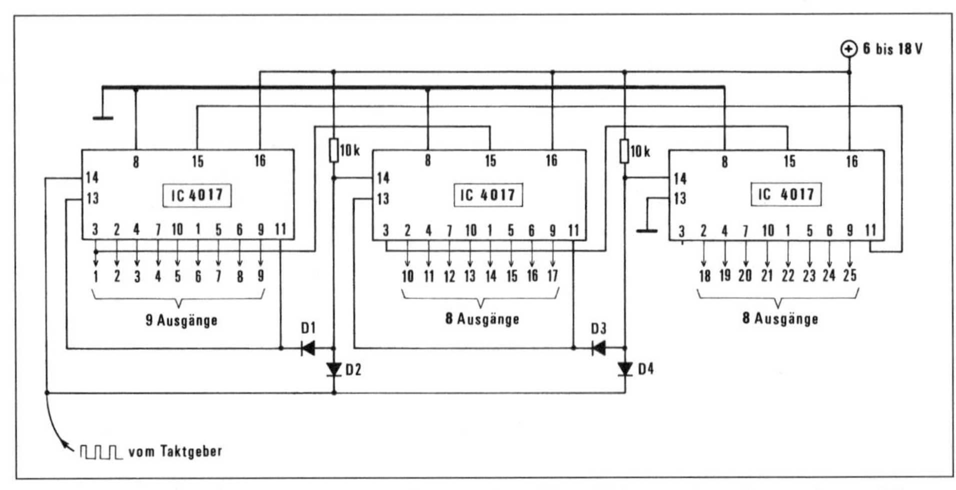

Abb. 9.5 Bedarfsbezogen können beliebig viele Ringzähler aneinander „gekoppelt" werden, um ausreichend viele Schaltausgänge (für ein Roulette oder ein größeres Glücksrad) zu erhalten; alle Dioden: *Type 1 N 4148* (siehe weiter im Text).

sen werden. Wenn beispielsweise zehn *ICs 4017* auf diese Art verschaltet werden, hätten die ICs Nr. 2 bis 9 dieselbe Schaltung wie das zweite (mittlere) IC in diesem Schaltplan. Nur das letzte IC schließt die Kette aller Ringzähler wieder an das erste IC an. Von seinem Füßchen *Nr. 11* führt eine Verbindung an das Füßchen *Nr. 15* des ersten ICs; zudem ist sein Füßchen *Nr. 13* mit der Masse verbunden und sein Füßchen *Nr. 3* bleibt ohne Anschluss).

Erwähnenswert wäre noch, dass bei dem *IC 4017* das Füßchen Nr. 15 als ein *„RESET-Eingang" (= SCHALTE-ZURÜCK-Eingang)* ausgelegt wurde. Dies hat in der Praxis folgenden Sinn: Wenn man bei dem Schaltplan in Abb. 9.5 anstatt von den 25 Ausgängen beispielsweise nur 22 Ausgänge benötigt, wird anstelle des Füßchens *Nr. 11* der *Schaltausgang Nr. 23* (das Füßchen *Nr. 5*) mit dem *RESET-Füßchen Nr. 15* des ersten ICs verbunden.

Auf dieselbe Weise kann die Zahl der Schaltausgänge auch bei der Schaltung in Abb. 9.2 reduziert werden. Ein praktisches Beispiel: Anstelle von 10 Leuchtpunkten möchten wir nur 6 Punkte haben (um einen elektronischen „Würfel" zu erhalten). Man müsste hier den *Schaltausgang Nr. 7* (das ist hier das IC-Füßchen Nr. 5) einfach mit dem *RESET-Eingang* (Füßchen Nr. 15) verbinden. Die nun eingezeichnete Verbindung des Füßchen *Nr. 15* mit der Masse muss in dem Fall unterbrochen werden; nur noch das Füßchen *Nr. 13* (und natürlich auch das Füßchen *Nr. 8*) bleiben mit der Masse verbunden.

In Datenblättern werden die Ausgänge des ICs 4017 von Null bis 9 nummeriert. Wir wenden hier eine Nummerierung an, die mit der Ziffer 1 anfängt. Das erleichtert die Sache und hat zudem seine Logik. Man sagt ja auch

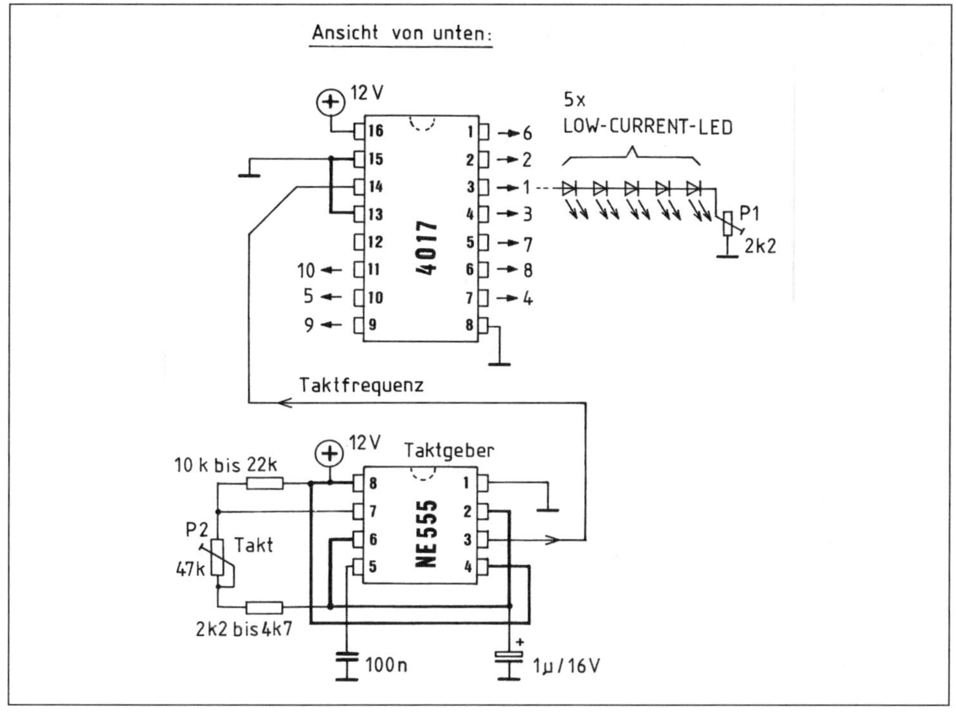

Abb. 9.6 Nachbauleichte Schaltung eines Ringzählers, bei dem als Taktgeber das IC *NE 555* verwendet wird (alternativ kann hier auch das *ICM 7555* ohne jegliche Änderung der Schaltung eingesetzt werden).

nicht: „Die Blonde da war meine *nullte* Ehefrau und die hier ist nun meine *erste*".

Wenn man an der Rückseite (Kupferbahnen-Seite) einer Experimentierplatine arbeitet und das IC somit auf dem Rücken liegt, brauchen wir die Nummerierung seiner Pins in der Ansicht von unten – wie wir es nun bei der *Abb. 9.6* gezeichnet haben. Es handelt sich hier um den Ringzähler aus *Abb. 9.2*, aber der Taktgeber ist diesmal mit dem IC Typ *NE 555* aufgebaut.

Rechts oben ist am Ringzähler-Ausgang Nr. 1 (Pin 3) eine Lichtkette mit *5 LOW-Current-LEDs* eingezeichnet. Diese LEDs benötigen nur eine 1,5 bis 2 V Spannung (pro LED) und einen Strom von ca. 2 mA (rote LED) bis 4 mA (grüne LED) pro Kette. Solche LED-Kette (oder sogar zwei bis drei solcher Ketten pro Ausgang) dürfte(n) an jedem der 10 Ausgänge angeschlossen werden. Mit **P1** wird vorsichtig der optimale LED-Strom eingestellt, wobei ein Multimeter (Messbereich von ca. 5 bis 10 mA) jeweils in Serie an die LED-Kette anzuschließen ist. Zu diesem Zweck muss vorübergehend (provisorisch) an den 1 µ-Elko des Taktgebers (rechts unten) ein zusätzlicher ca. 47 µF-Elko angeschlossen werden, um die Taktfrequenz für den Mess- und Einstellvorgang zu verlangsamen.

Sachverzeichnis

Sachverzeichnis

Sachverzeichnis